Wilhelm Reich OROP Wüste

Wilhelm Reich

SPÄTE SCHRIFTEN

Die Bionexperimente (erschienen)
Die kosmische Überlagerung
Das Oranur-Experiment. Erster Bericht
Das Oranur-Experiment. Zweiter Bericht
Christusmord. Geschichte der Entdeckung
der Lebensenergie

Wilhelm Reich

OROP WÜSTE

Raumschiffe, DOR und Dürre

Aus dem Amerikanischen
von Karl Heinz Siber

Zweitausendeins

Erstausgabe.
1. Auflage, Oktober 1995.
2. Auflage, November 1997.

Der englische Text ist erstmals unter dem Titel
Orop Desert. Part 1: Space Ships, Dor and Drought
in der am Orgone Institute Orgonon, Rangeley, Maine, USA
von Wilhelm Reich herausgegebenen Zeitschrift
Core (Cosmic Orgone Engineering), Band VI, Heft 1–4, im Juli 1954
erschienen.

Lektorat: Büro W (E. Kunze, M. Weinmann), Wiesbaden.
Herstellung: Eberhard Delius, Berlin.
Satz und Druck: Wagner GmbH, Nördlingen.
Einband: G. Lachenmaier, Reutlingen.
Printed in Germany.

Dieses Buch gibt es nur bei Zweitausendeins
im Versand (Postfach, D-60381 Frankfurt am Main,
Telefon 01805-23 2001, Fax 01805-24 2001)
oder in den Zweitausendeins-Läden in Berlin, Düsseldorf,
Essen, Frankfurt, Freiburg, Hamburg, Köln, München,
Nürnberg, Saarbrücken, Stuttgart.

In der Schweiz über buch 2000,
Postfach 89, CH-8910 Affoltern a. A.

ISBN 3-86150-110-4

Liebe, Arbeit und Wissen
sind die Quellen unseres Lebens.
Sie sollten es auch bestimmen.

Inhalt

Anhang

Einleitung

Die Geschichte von OROP WÜSTE ist lang und kompliziert. Beginnen wir mit dem Begriff OROP. Es ist ein Kunstwort für Operationen aller Art, die von Menschen in bezug auf die Wüste durchgeführt werden. Unter Wüste verstehen wir Dürre und im weiteren Sinn auch atmosphärische Bedingungen, die zu Trokkenheit und Wüstenbildung führen, unter OROP auch die auf wissenschaftlicher Naturerkenntnis beruhenden technischen Mittel, mit denen möglicherweise etwas gegen Dürre und Wüstenbildung unternommen werden kann.

Der Wortbestandteil »OR« weist darauf hin, daß die naturwissenschaftlichen Ergebnisse, die unseren technischen Kenntnissen über die Wüstenbildung zugrunde liegen, sowohl im Rahmen und mit den Methoden wie auch im Verlaufe der empirischen und technischen Weiterentwicklung der Orgonomie gewonnen wurden, einer Disziplin, die sich von anderen Denksystemen dadurch unterscheidet, daß sie weder mechanistisch noch mystisch ist, sondern *funktional, energetisch.*

»OROP« steht also für technische Operationen unter Nutzung und Manipulation von FUNKTIONEN KOSMISCHER ENERGIE.

Das ist jedoch noch nicht alles, was vorweg zu OROP WÜSTE gesagt werden muß. Die physische Wüste, *draußen* in der Natur, ist das Ergebnis einer unendlichen Vielzahl kosmischer Vor-

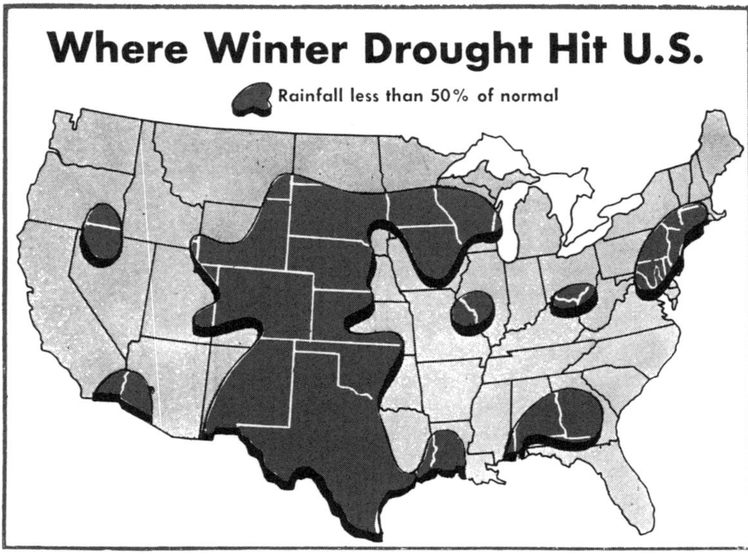

Abb. 1: Dürregebiete im Jahre 1954 mit weniger als 50 Prozent der durchschnittlichen Niederschläge

gänge. Viele Gebiete auf unserem Planeten waren einmal blühende, grüne, fruchtbare Landschaften, die reiche und glückliche menschliche Kulturen ernährten. Von Archäologen und Geologen wissen wir, daß der Südwesten der USA vor nur fünfundzwanzigtausend Jahren ein grünes, von Menschen besiedeltes Land war. Dasselbe gilt, ohne daß es hier im einzelnen nachgewiesen werden müßte, für das Nildelta und das Land, wo vor nur zweitausend Jahren Jesus lebte, die ganze Region um Nazareth, die man heute »Nahost« nennt. Wie wir von den Historikern wissen, waren auch andere, heute von Armut und Kargheit geprägte Landstriche, wie die Ebenen und Täler Mexikos und Südamerikas, einmal reich und fruchtbar. Ich denke, daß dies auch für das Römische Reich gilt, gegenüber dem das Italien von heute arm und verwüstet wirkt.

Was liegt der Wüstenbildung zugrunde?

Offenkundig sind Wüsten nicht nur das Ergebnis irgendwelcher unbekannter Naturvorgänge; sie dehnen sich über immer größere Teile unserer Erdkugel aus. Die schweren Dürreperioden, die alles menschliche Leben auszulöschen drohen, sind in Wahrheit Funktionen der Wüstenbildung. Die folgende, aus dem *U.S. News and World Report* entnommene Karte zeigt die derzeitige Ausbreitung dieser Geißel in den USA.

Wenn man sich mit dem Problem der Wüstenbildung befaßt, ist es wichtig, Folgendes zu bedenken:

Wüsten beruhen auf natürlichen Funktionen, die eine Austrocknung der Atmosphäre und des Bodens bewirken, das heißt Leben vernichten. Der Mensch wäre jedoch in der Lage gewesen, die Wüste zu besiegen und der Wüstenbildung Einhalt zu gebieten, hätte er nicht selbst einen seine emotionale Struktur prägenden Prozeß durchgemacht, den wir als

»EMOTIONALE WÜSTE«

bezeichnen werden. Der Mensch selbst ist dafür verantwortlich, ob die Wüste sich ausbreitet oder ob sie aufgehalten wird. Der Mensch verfügt heute über die wissenschaftlichen und auch über die technischen Mittel, um die Wüstenbildung zu bekämpfen, ja sogar um existierende Wüsten wieder in üppiges Grünland für Mensch und Tier zu verwandeln.

DAS ERSTE HINDERNIS, MIT DEM OROP WÜSTE FERTIG WERDEN MUSS, IST NICHT DIE ÄUSSERLICHE WÜSTE, SONDERN DIE INNERE, EMOTIONALE WÜSTE IM MENSCHEN.

Wir sind uns der Verantwortung bewußt, wenn wir eine Behauptung von solcher Tragweite aufstellen; um sie zu untermauern, bedarf es handfester Fakten. Noch einmal:

Der Mensch selbst ist es, der die Bekämpfung der Wüste von alters her verhindert hat und noch heute verhindert.

Die Entstehung äußerer Wüsten korrespondiert mit der emotionalen »Verwüstung« unserer Kinder vor und nach ihrer Geburt, das war schon immer so und reicht weit hinter die überlieferte Geschichte der Menschheit zurück. Sowohl die äußere als auch die innere Wüste resultieren aus einem Prozeß des *Schrumpfens* und Absterbens der »Vitalität«, das heißt der Immobilisierung *biologischer Energie.*

Operationen, die der Bekämpfung der ÄUSSEREN Wüste dienen, werden wir im Folgenden als OROP WÜSTE, solche, die sich auf die INNERE Wüste beziehen, als OREP WÜSTE bezeichnen. OREP steht für Operationen, die der Bekämpfung der *emotionalen Pest* (EP) der Menschheit dienen.

Was emotionale Pest, abgekürzt EP, bedeutet, ist uns mittlerweile ziemlich vertraut: Wir haben den tödlichen, verwüstenden Charakter solcher Handlungsweisen der Menschen in zwei Weltkriegen mit wirklich globalen Dimensionen innerhalb einer Generation kennengelernt. Abermillionen wurden getötet oder verstümmelt und ebenso viele waren, von verwüsteten Seelen unterjocht, dem Hungertod und der Verelendung preisgegeben.

Wir wollen auf die Wesensmerkmale von äußerer und innerer Wüste an dieser Stelle nicht weiter eingehen. Es dürfte vorderhand genügen, den Grundgedanken angedeutet zu haben. Wir werden dieser Identität, jetzt da wir sie im Auge haben, im Verlauf der einzelnen Schritte der OROP WÜSTE immer wieder begegnen.

Der nachfolgende Bericht wurde aus Aufzeichnungen der Jahre 1952/1953 in den letzten Monaten des Jahres 1953 zusammengestellt. Berichte über die Operationen des Jahres 1954 werden in den nächsten Ausgaben der Zeitschrift CORE veröffentlicht.

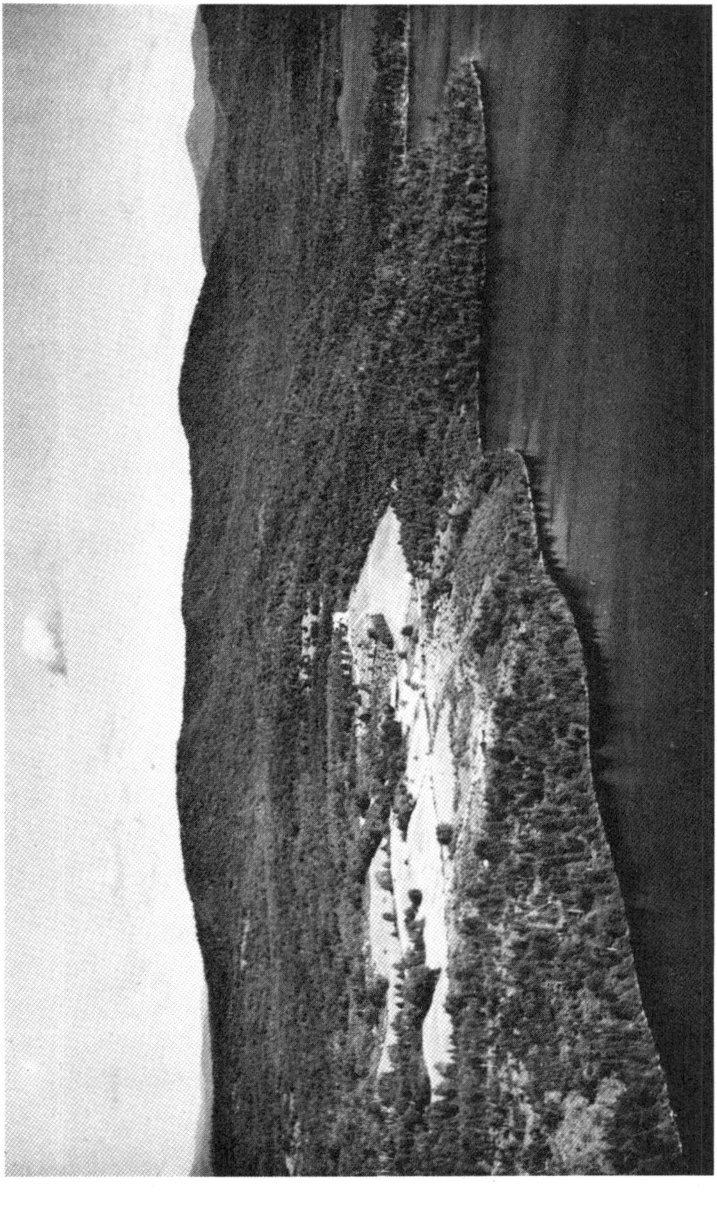

Abb. 1a: Blick auf Orgonon bei Rangeley, Maine

I. Expansion und Kontraktion in der atmosphärischen OR-Energie

Gönnen wir uns, in Erwartung schwieriger Aufgaben, noch etwas Erholung von den anstrengenden Problemen naturwissenschaftlicher Grundlagenforschung; schweifen wir eine Weile in der Natur umher wie Urlauber, die sich alles mögliche anschauen und daran freuen. Als Wegweiser in unbekanntem Terrain werden uns lediglich ein paar orgonomische Funktionsgesetze dienen; wir werden die Atmosphäre so unbefangen beobachten, als wäre noch nichts über sie bekannt. Dann werden wir erfahren, was aufmerksame Landwirte über das Wetter wissen.

1. Rauch aus Schornsteinen

Auf dem flachen Land steigt der Rauch aus dem Schornstein entweder gerade auf oder er zieht sich in gleicher Höhe etwa parallel zum Boden. Manche Landwirte sagen *gutes* Wetter voraus, wenn der Rauch *gerade aufwärts* steigt, und *schlechtes* Wetter, wenn er *waagerecht* zieht. Ist an dieser Bauernregel etwas objektiv Wahres?

Orgonomische Beobachtungen und Überlegungen sagen uns: Bei gutem Wetter dehnt sich die OR-Energiehülle der Erde aus und erstreckt sich weit in das All hinein; im Vorfeld schlechten

Wetters hingegen zieht sie sich zusammen und konzentriert sich dicht über der Erdoberfläche. (Rheuma- und Krebspatienten reagieren auf diese Kontraktion mit *»ziehenden Schmerzen«*. Das bioenergetische System reagiert auf den umgebenden OR-Energie-Ozean.) Die Berge verlieren ihren blauen Dunstschleier und erscheinen klarer und näher. Dieser Rückzug der OR-Energie aus bestimmten Bereichen und ihre Konzentration in anderen Regionen schwächt die expansive, der Erdanziehung entgegengerichtete Kraft der atmosphärischen OR-Energie, so daß der Rauch aus Kaminen nicht mehr in der Lage ist, der Schwerkraft entgegen senkrecht in die Atmosphäre hochzusteigen. Bei einer gleichmäßigen und stark expansiven Energiehülle ist die expansive Kraft, die der Erdanziehung entgegenwirkt, jedoch stark genug, den Rauch senkrecht aufsteigen zu lassen. Auf diesen Sachverhalt werden wir im Zusammenhang mit der Luftfahrt wieder stoßen.

2. Nebel

So wie sich der aus Schornsteinen austretende Rauch verhält, so verhält sich auch der morgendliche Nebel an Herbsttagen. An warmen Sommertagen findet sich in den Tälern zwischen den Bergen nur selten Nebel, es sei denn in höheren, kälteren Zonen. Im Herbst dagegen entwickelt sich Nebel häufig in tiefgelegenen Tälern. Wenn die Sonne aufsteigt, löst sich der Nebel auf. In manchen Tälern verschiebt sich der Nebel erst waagerecht, bevor er aufsteigt und sich auflöst.

Was könnte die Ursache dafür sein, daß es sich mit dem Nebel im Sommer anders verhält als im Herbst oder in kälteren und höhergelegenen Zonen anders als in wärmeren und tiefergelegenen Regionen?

Bei der Beantwortung dieser Frage müssen wir uns wiederum an die *dispersiven, expansiven* Eigenschaften der OR-Energie erinnern. Im Sommer sowie in wärmeren, tiefergelegenen Gebieten ist die expansive, gegen die Erdanziehung gerichtete Kraft der atmosphärischen OR-Energie größer als in kälteren, höhergelegenen Regionen und im Herbst. Unter den letztgenannten Bedingungen steht weniger Energie zur Verfügung, die den Wasserdampf emportragen und ihn weiter oben auflösen kann, als an warmen Tagen und in tiefergelegenen Zonen. Der Wasserdampf wird sich daher nicht auflösen und auch nicht aufsteigen können. Das Ergebnis ist die Erscheinung, die wir »Nebel« nennen.

Wenn die Sonne über dem Horizont erscheint, bringt sie die geschwächte OR-Energie nach und nach wieder zur Erregung. Ihre dispersive, expansive Kraft nimmt daraufhin zu, und damit auch ihre Fähigkeit, Wasserdampf emporzutragen und aufzulösen. Ergebnis: Der Nebel steigt und verschwindet; Wolken, sofern vorhanden, lösen sich allmählich auf.

3. Trockene und regenreiche Gebiete

Wir haben jetzt etwas über die Wechselwirkung der atmosphärischen OR-Energie mit kleinen Rauch- und Wasserdampfpartikeln erfahren. Wir wandern nun etwas besser gerüstet und mit geschärftem Blick durch die Landschaft. Wir sehen mehr und verstehen besser, was wir sehen: Dinge, die wir früher nicht beachtet oder nicht mit einem »Ach, das ist doch nichts Besonderes …« abgetan haben, erschließen sich plötzlich unserem Blick. Tun wir noch einen weiteren Schritt:

Man weiß, daß die Luft über einer heißen Wüste trocken bleibt und daß es dort nie oder nur selten regnet. Es ist auch bekannt, daß es in bestimmten Gebieten, wo es in Flüssen, Seen und im Boden eigentlich viel Wasser gibt, in manchen Sommern monatelang nicht regnet, so daß die Gefahr von Flächenbränden für Ansiedlungen und Wälder entsteht.

Andererseits gibt es Gebiete, in denen es fast ständig regnet, in denen die Luft bis zum Erdboden feucht und schwer ist und wo es manchmal wochenlang ohne Unterbrechung Niederschläge gibt.

Woher kommt in diesem Fall die ganze Feuchtigkeit?

Stammt der Nachschub allein aus der Verdunstung?

Eine solche Erklärung ist offenkundig unzureichend. Denn wie kommt es, daß es in Gebieten, wo genug Wasser vorhanden ist und die Sonne heiß herunterbrennt und jedes nasse Stück Tuch in der sehr trockenen Luft binnen weniger Minuten trocknet, oft wochenlang *nicht* regnet? Dafür muß es einen Grund geben.

Wieder können wir hier anwenden, was wir über die expansive, dispersive Kraft der OR-Energie gelernt haben: Dort wo es viel Feuchtigkeit, aber wenig Regen gibt, ist die atmosphärische OR-Energie stark und kraftvoll, beispielsweise rings ums Mittelmeer mit seinen Millionen von Kubikmetern Wasser. *Der Wasserdampf wird hier beständig aufgelöst,* SEINE VERTEILUNG IST MEHR ODER WENIGER GLEICHMÄSSIG, *und es kann zu keinen stärkeren Konzentrationen von* OR-*Energie und daher auch nicht zur Kondensierung von Wasserdampf kommen.* Die *expansive, auflösende* Funktion der OR-Energie behält die Oberhand.

In bergigem Gebiet hingegen, wo die *Konzentration* der atmosphärischen OR-Energie aufgrund der Unterschiede zwischen schattigen Hoch- und Tieftälern und warmen Berghängen *stark variiert*, gibt es viel Regen, auch wenn dort wenig Wasser zum Verdunsten vorhanden ist. Hier herrscht die *konzentrierende kontrahierende* Kraft von OR vor und sorgt für Differenzen im Potential der atmosphärischen Energie und der Wasserdampfverteilung.

Wir werden jedoch später sehen, daß es eine bestimmte Konstellation in der Wüstenatmosphäre gibt, die eine hohe Verdunstungsrate begünstigt und OR-Konzentrationen entgegenwirkt und somit die Wolkenauflösung beschleunigt.

4. Der Hof um Sonne und Mond als Zeichen für »schlechtes« Wetter

Vor einem Schlechtwettereinbruch kann man oft einen Hof unterschiedlicher Ausdehnung um Mond und Sonne beobachten. Für Landwirte und Bewohner bergiger Gebiete ist dieses Phänomen von großer Bedeutung. *Was besagt dieser Hof?*

Die folgende Skizze zeigt bestimmte Hofbildungen unter jeweils anderen OR-Energieverhältnissen:

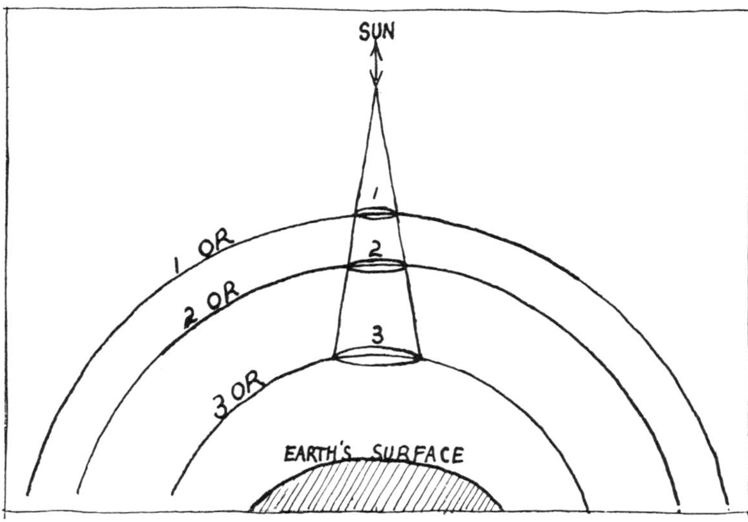

Abb. 2: Drei Expansionszustände der Or-Hülle:
1. Bei expandierter Or-Hülle ist der Ring um die Sonne am kleinsten;
2. Ring um die Sonne bei leicht kontrahierter Or-Hülle (vor Regen);
3. Ring um die Sonne bei stark kontrahierter Or-Hülle
(Sun – Sonne, Earth's surface – Erdoberfläche)

In Fall 1 haben wir es mit einer stark *expandierten* OR-Hülle der Erde zu tun. Lichtstrahlen von der Sonne [bzw. dem Mond] treffen auf die OR-Hülle und durchdringen sie in größerer Höhe als in den beiden anderen Fällen. In den Fällen 2 und 3 hat sich die OR-Energie zusammengezogen, ihre äußeren Schichten liegen näher zur Erdoberfläche. Der Durchmesser des sichtbaren Hofes hängt ausschließlich vom Grad der Kontraktion der jeweiligen OR-Hülle ab, es besteht eine direkte Beziehung zwischen dem Durchmesser des Hofes und der Kontraktion der OR-Hülle.

Stark konzentrierte OR-Energie überträgt die Erregung, die gewöhnlich »Licht« genannt wird, anders als schwächere OR-Energie. Der Hof wird also einen größeren oder kleineren Kreis bilden, je nach dem Expansions- oder Kontraktionsgrad der OR-Hülle. Der Grund liegt in der unterschiedlichen Art, wie »dünnere« und »dickere« OR-Energieschichten Licht übertragen.

Bevor es regnet, kontrahiert die atmosphärische OR-Energie, so daß Wasserdampf in der Atmosphäre zusammengezogen, kondensiert und suspendiert wird, um schließlich als Regen zur Erde zu fallen. Je stärker die Konzentration der OR-Energie, desto ausgedehnter wird die »dünnere« äußere Schicht, desto größer der sichtbare Hof und umgekehrt. Kein Hof ist zu sehen, wenn die OR-Energiehülle gleichmäßig verteilt ist und sich weit in die höheren Schichten der Atmosphäre hinaus erstreckt.

5. OR-Expansion im Frühling und OR-Kontraktion im Herbst

Völlige Expansion und Kontraktion der atmosphärischen OR-Energiehülle in bestimmten Regionen zeigen am deutlichsten die Naturvorgänge, die wir im Frühjahr und Herbst beobachten können. Die meisten Phänomene, denen wir in diesen beiden Jahreszeiten auf unseren Wanderungen durch die Landschaft begegnen, fügen sich zu einem verständlichen Gesamtbild, wenn wir sie im Zusammenhang mit einer expandierenden und sich zusammenziehenden OR-Energiehülle der Erde betrachten. Ob die Intensität der Sonneneinstrahlung, die sich mit dem Auf und Ab der Ekliptik ändert, eine auslösende Rolle für Expansion bzw. Kontraktion spielt, steht noch nicht fest. Daß ein Zusammenhang zwischen Wetterabläufen und der Expansion bzw. Kontraktion der OR-Hülle besteht, ist aus folgenden Gründen unzweifelhaft:

Die Abkühlung im Herbst resultiert aus einer weniger aktiven, kontrahierten OR-Energiehülle. Entsprechend ist die Erwärmung im Frühjahr die Folge einer aktiveren expandierenden OR-Energiehülle. Genauso verhalten sich Gase bei »Wärme«, das heißt bei expandierter, hoch aktiver OR-Energie, und bei »Kälte«, das heißt bei kontrahierter, weniger aktiver oder weniger mobiler OR-Energie. Wasser wird bekanntlich vollkommen unbeweglich, wenn es gefriert, und verdampft zu einem höchst aktiven und mobilen Gas, wenn es über 100° C erhitzt wird.

»Wärme« entspricht somit einem expandierten, »Kälte« einem kontrahierten Zustand der OR-*Energie.*

Geht man nach der Farbe der Blätter, dem Aussehen der Bäume im Frühjahr und Herbst sowie nach dem feinen Flimmern, das Bäume im Frühjahr umspielt, dann wird deutlich, daß den Bäumen im Frühjahr eine *aktivere, stärker expandierte* OR-Energie innewohnt als im Herbst. Die OR-Energiehülle schmiegt sich ja nicht nur äußerlich um die Erdkugel; sie durchdringt auch die Erdkruste bis tief ins Erdinnere, wie sie andererseits bis in die äußersten Schichten der Erdatmosphäre und darüber hinaus reicht. Dort verschmilzt sie dann mit dem kosmischen OR-Energiestrom außerhalb des irdischen Gravitationsfeldes.

Die OR-Energie kontrahiert und expandiert als ein *energetisches Gesamtsystem.* Sie beeinflußt dabei die Pflanzen- und Tierwelt wachstumsfördernd oder wachstumshemmend (Winterschlaf, Gewichtsverlust usw.), indem sie DURCH die lebenden Organismen hindurch oszilliert und funktioniert.

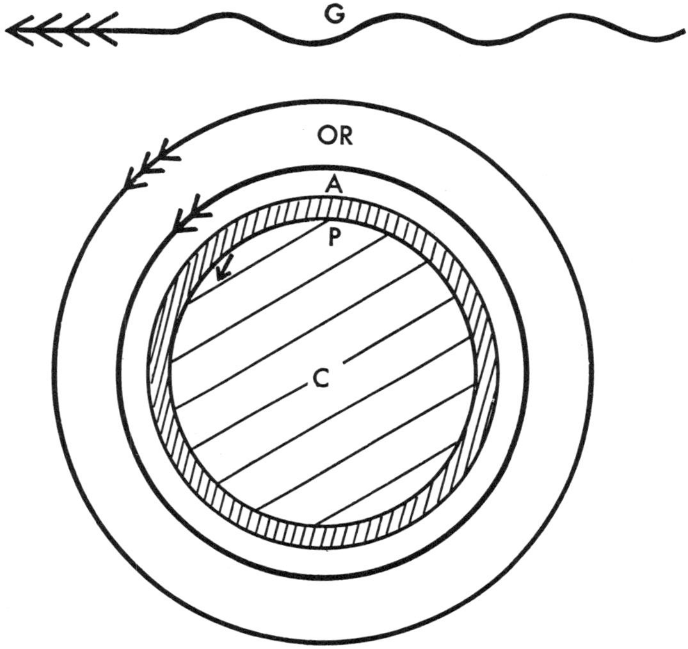

Abb. 2a: Beziehung zwischen Orgon-Strömen, Atmosphäre und Erde (G – Galaktischer Or-Strom, OR – Or-Energiehülle, A – Atmosphäre, P – Peripherie, C – Centrum)

Im Vorfrühling, kurz bevor die Vegetationsperiode voll einsetzt, können wir bei den Bäumen eine Intensivierung der Farben, manchmal eine Rotfärbung, bei den immergrünen Pflanzen ein Erstrahlen der grünen Farbe beobachten; das stumpfe, etwas kümmerliche Aussehen der Zweige weicht einer erektiven Expansion und allgemein zunehmenden Saftigkeit, analog zur Vitalität des Menschen in seinen jungen und mittleren Jahren.

Es ist nicht mechanische Viskosität, die das Hochsteigen der Flüssigkeiten in den Pflanzen gegen die Erdanziehungskraft bewirkt, sondern das Strömen von Energie.

Die zunehmende Intensität, mit der sich bei Mensch und Tier der Paarungsdrang bemerkbar macht, ist offenkundig derselben Zunahme des OR-Energiestromes zuzuschreiben, der die Organismen *durchdringt*. In den Leitungsbahnen der Bäume steigt der Saft reicher und schneller auf, was man sehr leicht an der verstärkten Flüssigkeitsabsonderung bei Einschnitten in die Rinde ablesen kann. *Gelb* plus *Blau* ergibt *Grün*. Harz ist *gelb*; es geht an den Spitzen der Zweige allmählich in *Grün* über, indem es sich mit dem *Blau* der aus dem Boden und der Atmosphäre aufgesogenen OR-Energie mischt. Das Erscheinen der ersten Blattknospen ist an sich schon ein klares Anzeichen für die EXPANSIVE Kraft der OR-Energie. Das gilt für jedes organische Wachstum. Es ist *Or-Energie, die gegen feste Membranmaterie drückt, die bei jungen Organismen noch elastisch genug ist, um dem expansiven Druck nachzugeben: Extensives Wachstum, Grünfärbung der Bäume und Knospenbildung sind die Folge.* Welche Stärke hinter dieser Kraft steckt, läßt sich daran erkennen, daß ein Grashalm oder ein Blumentrieb sich einen Weg durch schwere Kieselsteine bahnen können.

Im Herbst spielt sich das Umgekehrte ab. Die OR-Energiehülle des Planeten zieht sich als ganze zusammen und Richtung Erdkern zurück. Daher verflüchtigt sie sich auch in den Lebewesen. Die Blätter vertrocknen und werden gelb, weil das Blau aus dem Grün schwindet. Schließlich verlieren die Blattstiele ihren Halt an den Zweigen und fallen ab. Die »Saftigkeit« weicht einem trostlos wirkenden, trockenen, winterlichen Aussehen. Mit der Feuchtigkeit in der Luft geschieht etwas sehr Ähnliches: Sie wird zu Schnee, also zu *trockenem, kristallisiertem* Wasserdampf, der wiederum OR-Energie enthält (vgl. *»Orin«*).

Zu viele Rätsel bleiben auf unserer Wanderung ungelöst. Aber ein Pfad, so glauben wir, ist in dieses Dickicht des Unbekannten geschlagen. Wir werden von jetzt an die folgenden funktionalen Beziehungen herstellen:

KONTRAHIERTES OR	EXPANDIERTES OR
tendiert zu:	*tendiert zu:*
Materie	*Energie*
Immobilisierung	Mobilität
»Kälte«, Gefrieren	»Wärme«, Ausdehnung
Herbst, Winter	Frühjahr, Sommer
starke Potential-differenzen	gleichmäßige Verteilung der OR-Energie

II. Raumschiffe und Wüstenbildungen

1. Dor und Melanor

Mein Bericht über die Schwärzung der Steine (»The Blackening Rocks«, OEB V/1, 2, 1953) beschrieb die wachsende Verschlimmerung der DOR-Überflutung in Orgonon. In den letzten Märztagen des Jahres 1952 zogen und standen DOR-Wolken am Himmel über Orgonon (OEB IV/4, 1952). Die atmosphärische Reaktion darauf war eigenartig: Der Geigerzähler zeigte statt der sonst üblichen 30–40 jetzt 300–800 Impulse pro Minute an. Zweifellos vollzogen sich schwerwiegende Entwicklungen. Es war das zweite Jahr in Folge, daß die DOR-Wolken etwa zum Zeitpunkt der Frühjahrs-Tagundnachtgleiche aufgetaucht waren. Schon dieser Umstand deutete auf *kosmische* Vorgänge hin. In drei aufeinanderfolgenden Jahren, 1951 bis 1953, kehrte die zunehmende Verschlimmerung durch DOR wieder. Die Tatsache, daß eine schwerwiegende DOR-Reaktion in der Atmosphäre mit der Tagundnachtgleiche zusammenfiel, verlangt in den kommenden Jahren besondere Aufmerksamkeit. Die Reaktionen wurden gewöhnlich im Oktober, nach der Herbst-Tagundnachtgleiche, schwächer.

Im Frühjahr 1952 wurde die Situation in Orgonon so schlimm, daß das Leben und die Arbeit dort völlig unmöglich wurden. Die emotionalen und körperlichen Reaktionen der

Mitarbeiter bei diesem Zusammenbruch in Orgonon müssen an anderer Stelle aufgearbeitet werden.

Im April 1952 wurde das Observatorium geräumt. Zu einer geregelten Aktivität kam es dort erst wieder im November 1953, nachdem es uns gelungen war, einen Teil der schwarzen Substanz aus der Atmosphäre zu entfernen, die wir MELANOR (M_ε) nennen. Diese hatte sich überall abgesetzt – auf steinernen Mauern, Gerätschaften, auf der Haut – und tat das noch und richtete alle möglichen Schäden an.

Angesichts des nun folgenden Katalogs der Funktionsprozesse, die sich nacheinander aus der DOR-Überflutung in Orgonon ergaben, muß ich den Leser um Geduld bitten. Die Funktionen waren folgende:

1. Untersuchungen zur *Melanoraktivität*, sowohl in der unbelebten als in der belebten Natur, unter besonderer Berücksichtigung ihres Zusammenhangs mit atmosphärischen Vorgängen.

2. Anstrengungen, mit dem durch die atmosphärischen Bedingungen hervorgerufenen Notstand fertig zu werden. Nicht nur in Orgonon, sondern auch anderswo schienen die Probleme erheblich zu sein. Gleichlautende Berichte trafen aus New York, Philadelphia, von der Westküste und 1953 sogar aus Tel Aviv ein. Fast die halbe Erdkugel schien mit DOR verseucht zu sein. Die Bemühungen zur Beseitigung des Notstandes führten unter anderem zur Erfindung eines Geräts, das später den Namen »Cloudbuster« erhielt, weil es die DOR-Wolken in der Atmosphäre, die den Lebewesen so schwer zu schaffen machten, zu »knacken« vermochte (siehe »DOR Removal and Cloud-Busting«, OEB IV/4, 1952, wieder abgedruckt im Kapitel III dieses Bandes).

3. Bemühungen zur Überwindung der von uns so genannten DOR-KRANKHEIT. Diese Krankheit, die sich in einer gut beschrie-

benen Reihe von Symptomen äußert, war schon 1951 Gegenstand von Untersuchungen gewesen, nämlich im Verlauf der ersten Durchführung unseres Oranur-Experiments. In der Zeitspanne, die der vorliegende Band abdeckt, wurden viele neue Aspekte der DOR-Krankheit entdeckt.

4. Alle Vorgänge, die zur DOR-Überflutung beitrugen, standen eindeutig im Zusammenhang mit den DOR-Wolken; diese wiederum zeigten Eigenschaften, die uns Hinweise auf die Ursachen von *Dürre* gaben; *Dürre* wiederum war eine Vorstufe der Bildung von *Wüsten*. Mittels einer besonderen Anordnung gelang es uns, den Cloudbuster, der ursprünglich dazu bestimmt war, bösartige DOR-Wolken aufzulösen, in ein Instrument zu verwandeln, mit dem wir atmosphärisches OR so beeinflussen konnten, daß

5. *Regen* nach Belieben erzeugt oder aufgehalten werden konnte. Nachdem dies im Verlauf des Jahres 1952 demonstriert worden war, gelang es während des Winters 1952/53 auch, *Nebel aufzulösen* und für Sonnenschein zu sorgen. Es gab mehrere eindeutig erfolgreiche Cloudbusteroperationen:

a. die Beendigung der Trockenheit in Neuengland am 1. und 2. August 1952 von Orgonon aus;
b. die Beendigung der Trockenheit in Ellsworth (Maine) am 6. Juli 1953 sowie, durch Cloudbusteroperationen (OROP), am 23. Oktober 1953 in Orgonon und Hancock (Maine).

Ferner gelang es am 9. August 1953, anläßlich der »Kinderparade« in Rangeley, die Stadt einen ganzen Tag lang regenfrei zu halten, obwohl es rings um Rangeley überall regnete.

In allen diesen Fällen ließ sich das Resultat eindeutig unseren OR-Operationen (OROP) zuschreiben; das von uns herbeigeführte Wetter widersprach oft den amtlichen Prognosen. Alle diese Operationen wurden unter dem einen Aspekt »OROP WÜSTE« zusammengefaßt. Ihre Bedeutung für eine möglich erscheinende Fruchtbarmachung von Wüstengebieten war spätestens seit Anfang 1952 offenkundig. Von meinem Vorhaben, OROP WÜSTE durchzuführen, setzte ich im Sommer 1952 die US-Regierung und den Gouverneur des Staates Maine in Kenntnis. Die schwere Dürre, von der die USA dann 1953 heimgesucht wurden, hatten wir in einem Brief an die zuständigen Institutionen des Staates Maine bereits im Frühjahr 1953 vorausgesagt. Im Moment richten wir uns auf eine noch schwerere Dürre ein, die 1954 über die Welt hereinbrechen dürfte. Insgesamt acht experimentelle Cloudbuster werden für OROP WÜSTE 1954 zur Verfügung stehen; jeder von ihnen kann ein Gebiet von 250 bis 400 Kilometern Durchmesser abdecken. Ein Mitarbeiter wurde im März 1954 mit dem Auftrag nach Arizona geschickt, Cloudbusterexperimente in einem Wüstengebiet durchzuführen.

6. Zu all dem gesellte sich von Juli 1953 an etwas, das uns allen Ernstes daran erinnerte, daß wir es wahrhaftig mit einer das ganze Universum regierenden Kraft zu tun haben und daß wir des weiteren auf ein wirklich gemeinsames Funktionsprinzip der Natur als ganzer und auf Funktionen des grundlegenden Naturgesetzes (N ⨍ 1) gestoßen sind:

Von Anbeginn der DOR-Überflutung stand fest, daß wir mit einem Funktionsprozeß konfrontiert waren, bei dem auf irgendeine Weise kosmische Energie direkt in eine materieähnliche Substanz umgewandelt wurde (E-⨍→M) bzw. umgekehrt (M-⨍→E). Wir nahmen an, daß diese Funktionen unterhalb der mechanischen, elektrischen und chemischen Funktionen angesiedelt waren als *präatomare, subchemische, primordiale* E ←⨍→ M-Funktionen des Universums. Im Juli 1953 wurde also ein neuer Zweig der Chemie in Orgonon begründet. Gegenstand der neuen Forschungsrichtung war die Klärung der präatomaren Chemie und Biochemie von ORANUR. Ein Ergebnis dieser Arbeit war die Entdeckung einer weißen, materieähnlichen, aber prächemischen Substanz, die wir »ORIN« (Orene, O_ϵ)

nannten. Sie enthielt nichts Geringeres als die *Quintessenz des Wachstums per se* in Form eines weißen (in saurem Milieu gelben) Puders.

Beschäftigen wir uns jedoch zunächst mit den Punkten eins und drei, dem Melanor (M_ϵ) und der DOR-Krankheit.

Diejenigen Leser, die mit dem Oranur-Experiment vertraut sind, erinnern sich vielleicht daran, daß der erste schwere Melanor-Einfall Ende März 1952 geschah, als in Orgonon keine Oranur-Experimente stattfanden. Allerdings standen wir schon im Januar 1951, in der Anfangsphase des Oranur-Experiments, mit der Erkrankung der meisten Orgonon-Mitarbeiter vor einem großen Problem. Noch Monate und Jahre danach erkrankten Millionen Menschen in allen Teilen der USA und der Welt an der DOR-Krankheit. Die grundlegenden und typischen Symptome der DOR-Krankheit, die allgemein als Virus- oder Darmgrippe bezeichnet wird, werden weiter unten beschrieben. Die DOR-Krankheit hat nichts mit irgendwelchen Viren zu tun. Es ist vielmehr eine eindeutig beschriebene und definierte Krankheit, die durch *präatomare* »DOR-Wolken« ausgelöst wird. Diese schwarzen Wolken zogen in unregelmäßigen Abständen über verschiedene Weltregionen hinweg und beeinflußten diese unterschiedlich lange, mal wenige Minuten, mal mehrere Tage. Der sogenannte *Smog*, der sich am Himmel über Großstädten sammelt, ist ein Gemisch aus Nebel, Qualm und Abgasen. Dieser Nebel löst sich nicht auf, *wenn sich in der Atmosphäre DOR-Wolken befinden.* Er bildet sich übrigens nicht nur über Großstädten, sondern auch auf dem Land, wo es keine industriellen Emissionen gibt. Der sogenannte *Smog* hat also nicht unbedingt etwas mit Rauch und Abgasen zu tun; es ist jedoch sehr gut denkbar, daß die rauchgeschwängerte Luft über industriellen Ballungsräumen die Bildung oder das Verharren von DOR-Wolken begünstigt. Die Situation wird dadurch schlimmer, was ohne das Vorhandensein von Rauchpartikeln in der Luft nicht der Fall wäre. Das Orgon-Institut forderte aus vielen Teilen der USA Berichte über die DOR-Krankheit an; der größte Teil der Berichte kam aus New York.

Typische Symptome der DOR-Krankheit sind:

Allgemeine Mattigkeit und *Trübsal*; in manchen Fällen wird die Mattigkeit von Haßausbrüchen unterbrochen oder verdrängt. *Übelkeit* folgt in der Regel auf längere Phasen der Mattigkeit. Ein *Druckgefühl* in Kopf, Armen und Beinen tritt häufig auf. Man atmet schwer, und mit der Niedergeschlagenheit geht häufig ein Gefühl einher, daß es an *Sauerstoff mangelt*. Man bekommt regelmäßig starken Durst unter den Bedingungen, die eine DOR-Atmosphäre fördern: beispielsweise fluoreszierende Lampen, Neonbeleuchtungen in Restaurants, Tisch- und Armbanduhren mit Leuchtziffern, Röntgengeräte im gleichen Zimmer zusammen mit Aktenschränken, die wie Akkumulatoren atmosphärischer Energie wirken.

Hitzewallungen wechseln mit Phasen unterkühlten Aussehens. Das Gesicht färbt sich bläulich bis blutrot. Die Betroffenen erscheinen gleichsam dem Ersticken nahe. Sie klagen darüber, daß mit der Luft etwas nicht stimme oder daß etwas Seltsames vorgehe.

Herzversagen mit Todesfolge kommt häufig vor, besonders wenn über einen längeren Zeitraum Nebel oder Nieselregen aus tiefhängenden Wolken die Versorgung mit frischem Sauerstoff und OR aus der Atmosphäre behindert.

Durchfall gehört zu den schmerzvollsten Symptomen einer länger anhaltenden DOR-Erkrankung. Der *Stuhl* wird *schwarz* durch das Melanor, das über den Verdauungstrakt ausgeschieden wird. Im fortgeschrittenen Stadium der Krankheit wird er weich bis wässerig und enthält zunehmend mehr Schleim. Im weiteren Verlauf können sich Ruhr-Symptome zeigen, schließlich *Amöben* im Stuhl. Das hat nicht das geringste mit einer Infektion zu tun. Die Einzeller entwickeln sich aus Epithelzellen mit niedrigem Energiegehalt (siehe Wilhelm Reich, *Der Krebs*).

Wenn sich die Atmosphäre reinigt, sei es durch spontanen oder durch künstlich herbeigeführten DOR-Abbau, klingen auch die Symptome wieder ab, doch sie verschwinden nie völlig, solange noch DOR-Wolken über das Gebiet ziehen oder wochenlang über Gebäuden stehen, wie es in Großstädten vorkommt. Die Verfärbung der Atmosphäre kann soweit gehen, daß Smog oder Nebel in einem schmutzigen Braun erscheinen.

Der Stuhl DOR-kranker Menschen kann manchmal weiß oder grau werden, was die Folge eines Mangels an Gallenflüssigkeit ist; das typischere Symptom ist jedoch der schwärzliche, weiche und wässerige Stuhl.

Übelkeit, die sich zu häufigem *Erbrechen* steigern kann.

Tachycardie ist in manchen Fällen ein häufig auftretendes Symptom.

Typisch sind auch ein Frösteln oder *fibrilläres Zittern* von Muskelgruppen an verschiedenen Körperstellen, die das Herz belasten können.

Ein weiteres typisches Symptom der DOR-Krankheit ist *emotionale Stumpfheit*, Verlust von Antrieb, was in manchen Fällen die Form von Stupor annehmen kann. Es geht einher mit einer Abstumpfung des Blicks, einem Ausdruck der Verzweiflung im Gesicht, der dem Kranken selbst nicht unbedingt bewußt ist. Eine metallische Deckenverkleidung in einem Zimmer voller Menschen kann unter Umständen zu einem völligen Stillstand der emotionalen Funktionen führen.

In den Jahren 1952 und 1953 kam es in den USA zu mehr *Gefängnisrevolten* als jemals zuvor in einem gleichlangen Zeitraum. Dieses Phänomen wird nun verständlich als eine Revolte von Menschen gegen das qualvolle Leben in Metallkäfigen unter dem Einfluß von DOR-Wolken.

Neben diesen typischen Symptomen können sich je nach

individueller Veranlagung diverse atypische Symptome als Reaktion auf DOR-Exposition ergeben. Bei Personen mit leichten Leberfunktionsstörungen können sich schwere Hepatitissyndrome entwickeln.

Ein *Rückgang der Körpertemperatur* auf 35 Grad oder noch weniger ist in einigen Fällen beobachtet worden.

Angeschwollene Drüsen (parotis, submaxillaris), Ödeme an Zunge, Uvula, Glottis kamen nicht selten vor.

In einem Fall wurde eine mehrmals wiederkehrende völlige *schlaffe Lähmung* der Beine beobachtet.

Starker *Durst* als Reaktion auf die Austrocknung von Blut- und Gewebezellen sowie *Sauerstoffhunger* infolge der DOR-bedingten Sauerstoffarmut der Luft gehören zu den schmerzvollsten Symptomen.

Die folgenden Maßnahmen sind nach unseren Erfahrungen geeignet, die Krankheitssymptome zumindest zu lindern:

Häufige Vollbäder in warmem Wasser reinigen die Haut von Melanor.

Ständiges Lüften der Wohn- und Schlafräume.

Einnahme von reichlich Wasser oder Tee.

Orgastische Entladung von Bioenergie ist grundlegend wichtig.

Der DOR-Abbau über dem betroffenen Gebiet mit dem Cloudbuster in regelmäßigen Abständen, entsprechend der jeweiligen DOR-Situation, trägt dazu bei, DOR-Wolken zu vertreiben, und mildert zumindest die Belastungen, die andernfalls durch eine akkumulierte, stagnierende Stumpfheit der Atmosphäre weiter verstärkt worden wären.

2. Die Suche nach der Herkunft von Dor und Melanor (1951–1953)

Nachdem wir Klarheit über das Wesen und die weite Verbreitung der DOR-Krankheit gewonnen hatten, kamen wir zu folgender Erkenntnis: Das ORANUR-Experiment hatte die atmosphärischen Bedingungen, die für die DOR-Überflutung verantwortlich waren, nicht hervorgebracht. Es hatte, ähnlich wie ein leistungsstarkes Mikroskop, lediglich *reproduziert* und *sichtbar gemacht*, was seit ewigen Zeiten in kleinem Maßstab vor sich gegangen war. Ferner hatte das Experiment auf bestimmte Wirkungen verschiedener Atomenergiefunktionen hingewiesen. Diejenigen behielten recht, die erklärt hatten, daß der Umgang mit der Atomenergie für die Entstehung der DOR-Wolken nicht ursächlich gewesen sei.

ORANUR ist ein zusätzlicher Faktor. Atomenergie-Operationen stellen nur einen, allerdings *wirksamen Reizfaktor dar, der die atmosphärische* OR-*Energie so erregt, daß sie in* ORANUR *und* DOR *übergeht.* Doch das ergibt noch längst nicht das vollständige Bild.

Die Frage nach der Ursache für die kritischen Belastungen in Orgonon und anderen Gebieten der USA blieb unbeantwortet, bis im Herbst 1953 der *Keyhoe-Report* über die sogenannten *»Fliegenden Untertassen«* herauskam, der im Auftrag der US-Luftwaffe zusammengestellt worden war.

Folgende Probleme hatten Orgonon vom ersten Moment der DOR-Überflutung im Januar 1951 an beschäftigt, das heißt unmittelbar mit dem ersten Durchgang des ORANUR-Experiments:

1. *Hatte des Oranur-Experiment das hochgradig erregte* OR-*Feld erzeugt, das sich rund drei Kilometer um Orgonon herum erstreckte? Hatte es in einem Umkreis von einigen hundert Kilometern eine ähnliche Erregung der Atmosphäre von allerdings*

geringerer Intensität bewirkt? (Das starke OR-Feld hatte 1953 eine Ausdehnung von rund 80–130 Kilometern gehabt.)

ANTWORT: Das Oranur-Experiment hatte lediglich eine bereits bestehende Funktion deutlich gemacht: die Tatsache, daß nukleares Material eine Erregung der atmosphärischen OR-Energie bewirkt. Es hatte die grundlegenden Merkmale und Mechanismen dieser Funktion offenbart (siehe Wilhelm Reich, *Das Oranur-Experiment – Erster Bericht*, 1951).

2. *Weshalb näherte sich das* DOR *dem Observatorium allem Anschein nach von Westen oder Südwesten her und verharrte dann dort stundenlang am Himmel?*

ANTWORT, 1953: Es war die beständige Konzentration von OR in Orgonon, das DOR-Wolken *anzog* und *festhielt.*

3. *Weshalb bewegten sich die* DOR-*Wolken immer nur in westöstlicher Richtung?*

ANTWORT, 1951: Der Grund dafür war, daß der OR-Strom am Äquatorialgürtel der irdischen Energiehülle vorwiegend in westöstliche Richtung fließt (siehe Wilhelm Reich, *Die kosmische Überlagerung*, 1951).

4. *Warum hatten die Menschen bei schlechtem Wetter, bei Regen oder winterlichem Nebel, am meisten zu leiden, wogegen sie sich erholten, sobald wieder schönes, trockenes und sonniges Wetter war?*

ANTWORT, 1951: Dies schien sich voll und ganz daraus zu erklären, daß die atmosphärische OR-Energie bei schlechtem Wetter auf ein niedrigeres Potential absinkt, weil sie sich in dem dann vorhandenen Wasserdampf konzentriert.

5. *Was könnte die Schwärzung von Steinen und Felsen am Observatorium und in seiner Umgebung zu bedeuten haben?*

ANTWORT, 1952: »Melanor« (M_{ϵ}), das von »irgendwo« herstammt, aus einer unbekannten Quelle, ist das Gegenteil der weißlichen, puderigen Substanz, in die die Steine sich an ihrer Oberfläche zersetzen und die wir »Orit« (Or) nennen. In unsere orgonometrische Formelsprache übersetzt, heißt das:

$$M_{\epsilon} \rightarrow \int \leftarrow Or$$

Die funktionale Bedeutung dieser Antithese konnte erst im November 1953 aufgeklärt werden, nämlich erst nachdem ORIN (Orene) entdeckt war, eine Substanz, die aus der Atmosphäre stammt.

6. *Weshalb trat die* DOR-*Überflutung 1953 im dritten aufeinanderfolgenden Jahr Ende März ein, zum Zeitpunkt der Frühjahrs-Tagundnachtgleiche?*

ANTWORT, 1952: Dieser Umstand schien auf eine kosmische Gesetzmäßigkeit hinzudeuten. Diese regelmäßige Verschlimmerung des DOR-Notstandes hing möglicherweise mit der Wanderung der Sonne über den Himmelsäquator auf dem Weg zum Wendekreis des Krebses zusammen. Nur systematische weltweite Aufzeichnungen der DOR-Wolken könnten eine zuverlässige Antwort auf diese Fragen geben. Die Kenntnis des Zeitpunkts, zu dem die DOR-Überflutung in ihre schlimmste Phase eintritt, würde jedoch *nicht* die grundlegende Frage nach der *Herkunft* der DOR-Wolken beantworten.

7. *Weshalb zersetzten sich 1952 in Orgonon die Steine in eine schwärzlichbraune, bröckelnde, an Lehm erinnernde Masse, und weshalb geschah dasselbe ein Jahr später, 1953, am Mount Cadillac bei Bar Harbor, Maine?*

ANTWORT, 1952: Das hoch erregte DOR-Energiefeld, das sich 1951 in Orgonon aufgebaut hatte, war einige Monate später kräftig genug, um in Orgonon Gestein zu zersetzen. 1953 hatte es sich bis nach Bar Harbor, Maine, ausgeweitet. Sehr wahrscheinlich ist DOR für die Gesteinszersetzung in Wüsten verantwortlich.

8. *Welcher Vorgang führte zur Braunfärbung der Steine, nachdem sie zunächst durch Melanor schwarz gefärbt worden waren?*

ANTWORT, 1952: Das Gestein reagierte auf den Melanor-Angriff mit bionösem Zerfall in die Silikate (Siliziumoxide) des Granits und mit der Bildung eines weißen Puders, das, wie sich unter dem Mikroskop zeigte, aus Bionen oder Energiebläschen bestand: *Ein Gemisch aus* WEISSEM, SCHWARZEM *und* GELBEM *Orin (Orene) müßte* BRAUN *ergeben.* Diese Erklärung konnte später durch die chemische Analyse der von ORANUR angegriffenen Materie wie M_ϵ, Or und Br (Braunit [»Brownite«] genannt) untermauert werden. Dies paßte wiederum gut zu unserer älteren Hypothese, daß M_ϵ und Or funktionelle Gegensätze bilden.

9. *Welche der drei Substanzen hatte den größten ursächlichen Anteil an den schweren Krankheitssymptomen der von* ORANUR *betroffenen Menschen und Tiere?*

ANTWORT, 1952: Zweifellos das Melanor (M_ϵ), die schwarze, puderige Substanz, die in Gestalt schwärzlicher DOR-Wolken von Westen heranzog, über dem Orgon-Energie-Observatorium verharrte und das Arbeiten und Leben dort jahrelang unmöglich machte.

10. *Wie konnte die kosmische Herkunft des Melanors auf einer Weise verifiziert werden, die der gewissenhaftesten Nachprüfung standhalten kann?*

ANTWORT, Sommer 1953 (vollkommen unerwartet): Während der Vollmondperiode im Juli 1953 und in den Vollmondnächten der darauffolgenden Monate konnte man mit starken Ferngläsern oder mit bloßem Auge feststellen, daß zunächst die Gebirgskämme im Zentrum des Mondes zunehmend schwärzer wurden. Eine Kette geschwärzter Gipfel war klar erkennbar, später auch Teile der Täler, die sich entlang der Äquatorebene vom westlichen zum östlichen Rand erstreckten. Diese Feststellungen, die zwei kompetente Beobachter unabhängig voneinan-

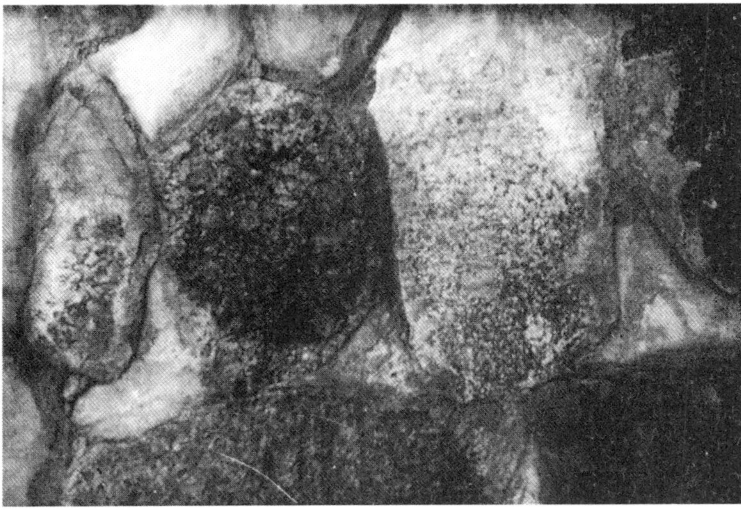

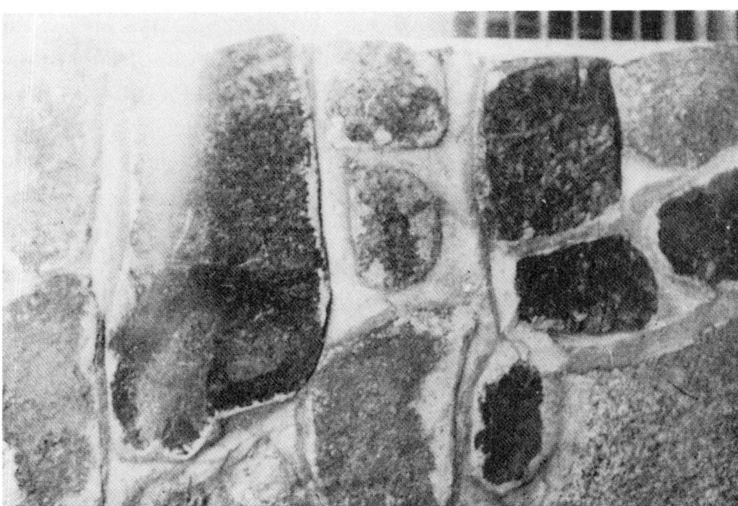

Abb. 3: Melanor auf Gesteinsoberflächen

der machten, beseitigten alle Zweifel an der kosmischen Herkunft des Melanors. Die Fragen nach dem *Warum* und *Wie* blieben natürlich nach wie vor unbeantwortet.

11. *Worin bestand die funktionale Bedeutung oder das Wesentliche des kosmischen Melanors, das offenkundig von dem irdischen, konzentrierten* OR *im Observatorium angezogen wurde?*

ANTWORT (Ende 1953 noch unvollständig): MELANOR (M_{ϵ}) IST KOSMISCHE OR-ENERGIE AUS DEM WELTRAUM, DER SAUERSTOFF UND WASSER FEHLEN, DIE BEIDEN WICHTIGSTEN BESTANDTEILE DES LEBENS AUF DESSEN BIOCHEMISCHER EBENE. ALS KOSMISCHE LEBENSENERGIE HAT MELANOR DIE EIGENSCHAFT DES HUNGERS, SOWOHL NACH SAUERSTOFF WIE NACH WASSER. ES KONNTE DIESE WESENTLICHEN ELEMENTE DES LEBENS NUR AUFNEHMEN, INDEM ES SICH AN GESTEINSMATERIAL AUS MINERALISCHEN OXIDEN HEFTETE UND ES CHEMISCH »REDUZIERTE«, DAS HEISST DEN OXIDEN DEN SAUERSTOFF ENTZOG. DAS MELANOR NAHM AUCH SAUERSTOFF AUF, INDEM ES DEN IN GESCHLOSSENEN RÄUMEN VORHANDENEN LUFTSAUERSTOFF AUFBRAUCHTE. DAS ALLES LIEFERT DIE VOLLGÜLTIGE ERKLÄRUNG FÜR ZWEI GRUNDSYMPTOME DER DOR-KRANKHEIT: DIE ZYANOSE AUFGRUND SAUERSTOFFMANGELS UND DIE NOTWENDIGKEIT, DIE FENSTER SELBST BEI 30 GRAD UNTER NULL BESTÄNDIG OFFEN ZU HALTEN, WIE ES IN ORGONON UND IN RANGELEY DER FALL WAR.

Wasser konnte Melanor nur durch *Dehydrierung* aufnehmen, indem es dem Erdboden, den Wolken, der Atmosphäre selbst, den Organismen, der Flora usw. Feuchtigkeit entzog.*

* (Anmerkung vom 9. Mai 1954): Der Niedergang der Baumflora in der Umgebung von Orgonon (*nicht jedoch* in Orgonon selbst) hat sich in den letzten beiden Wochen beschleunigt und erschreckende Ausmaße angenommen. Ahornbäume, Birken, Pappeln von mehreren Zoll Durchmesser biegen sich durch wie Gummischläuche; ihr Holz ist spröde geworden, und die Bäume zerfallen schlichtweg; viele Millionen solcher Bäume werden zersägt, damit das Holz verarbeitet werden kann, bevor es verfault. Die ehemals dichten Wälder von Maine

Hier haben wir nun einige charakteristische Merkmale der Krankheit zusammengestellt, unter der Menschen, Tiere und Pflanzen in den USA und auch anderswo litten und noch leiden: die Austrocknung der Atmosphäre mit der schädlichen Tendenz, Dürre zu erzeugen; der furchtbare Durst, an dem während der DOR-Überflutung alle litten; das Gefühl, auszutrocknen, von innen zu schrumpfen. (Wagen wir endlich, die Empfindungen des Organismus ernst zu nehmen, auch wenn wir letzten Endes nur objektive Daten gelten lassen.) Kosmisches Melanor verursachte die DEHYDRIERUNG. Kurz gesagt, Melanor löste das Rätsel der *Wüstenbildung*.

Die Lektüre der letzten paar Seiten könnte dem Leser einen Schauder, wenn nicht einen Schrecken eingejagt haben. Aber das ist nichts, verglichen mit dem, was wir selbst im Verlauf der DOR-Überflutungen in Orgonon durchmachten und was, ausführlichen Berichten zufolge, die Menschen in Großstädten wie New York, London usw. durchlitten. Diese Situation wurde freilich dadurch nicht besser, daß Schulwissenschaft und Schulmedizin von diesen ungeheuren Vorgängen nichts zu bemerken schienen, nicht einmal in den schlimmsten Phasen des DOR-Notstandes.

Zahllose neue Fragen stellen sich, wenn wir alle diese Vorgänge Revue passieren lassen. Wir rechnen damit, auf viele weitere Fragen wahrhaft *kosmischer* Natur zu stoßen. Viele Leser, die die orgonomische Literatur bislang bezweifelten, werden jetzt unsere Wortschöpfung »Cosmic Engineering« – kurz »CORE« – anerkennen als Verfahren, die dazu dienen, die DOR-

sind beträchtlich ausgelichtet; riesige Bäume haben sich infolge von Wurzel- und Stammfäule (also von bionösem Zerfall) über die Straßen gebogen. Manche Menschen nehmen diese Entwicklungen wahr, hüllen sich aber in gewohnter Zurückhaltung oder aus Angst, mit pest-inspirierten Rechtsvorschriften in Konflikt zu kommen, in Schweigen; andere – die überwiegende Mehrheit – sind emotional zu erstarrt, um zu merken, was vorgeht, oder um sich darüber groß Gedanken zu machen, wenn sie es merken.

Überflutung zu beseitigen. Sie werden jetzt auch besser verstehen, weshalb ich einleitend die grundlegende Neuartigkeit und die ungeheure Tragweite dieser Vorgänge so stark betont habe. Wir haben dank dieser Vorgänge den Bereich der wohlvertrauten Tatsachen, Theorien, Techniken, Denkweisen usw. endgültig hinter uns gelassen. Und sie werden verstehen, wie es kam, daß zunächst ich persönlich, dann später in Orgonon ein Mitarbeiter nach dem anderen, ein Einwohner Rangeleys nach dem anderen, danach auch Menschen in New York und an der Westküste immer stärker und intensiver spürten, daß *»mit der Luft und dem Wetter irgend etwas nicht mehr stimmte«*, wie sie sagten. Wir sind nichtsahnend aus unserem früheren, gewohnten Leben herausgerissen und gleichsam in die unendlichen Weiten des Universums versetzt worden.

Angesichts solcher Vorgänge, wie sie noch niemals zuvor in solcher Konzentration innerhalb einer so kurzen Zeitspanne beobachtet wurden, erscheinen uns nun viele Dinge, die früher von Bedeutung gewesen waren, zunehmend sinnlos, wenn nicht lächerlich. Die beobachteten Phänomene als Lichtreflexionen auf Windschutzscheiben abzutun, ist der Gipfel bewußter Ignoranz.

3. Klärung der Herkunft von Melanor

Was nun folgt, wird den Leser schockieren; auch die Mitarbeiter von Orgonon waren schockiert, als sie damit konfrontiert waren. Es schien, daß wir uns plötzlich gleichsam in kosmischen Räumen bewegten, und uns wurde auch klar, wie beschränkt das naturwissenschaftliche Denken, von einigen wenigen Ausnahmen abgesehen, in der Vergangenheit stets gewesen ist. Einige unserer Mitarbeiter benahmen sich, als hätten sie ihr ganzes Leben davon geträumt, in Düsenflugzeugen durch den Weltraum zu fliegen. Eines Tages ertappten sie sich dabei, daß sie hellwach waren und TATSÄCHLICH in einem unglaublichen Tempo durch den Weltraum flogen. Als sie begriffen, daß es nicht möglich war, aus dem Düsenflugzeug einfach auszusteigen, so wie man einen Traum abschüttelt, begannen einige dieser Träumer den Piloten zu bedrohen, er solle sofort landen, andernfalls ... Einige der besten Mitarbeiter rannten einfach fort, einer bis nach Hawaii. Emotionale Widerstände (auf die später eingegangen werden wird), blanker Haß auf unsere Forschungsarbeit sowie physische Erkrankungen setzten unserer Gemeinschaft zu. Der DOR-Notstand, der im Herbst 1953 schon zwei Jahre andauerte, fand seine theoretische – und im großen und ganzen auch praktische – Lösung im November 1953, und zwar folgendermaßen:

Zwei Bücher, die beide von sogenannten FLIEGENDEN UNTERTASSEN handelten, trafen im November 1953 in Orgonon ein: *Flying Saucers have landed* von Leslie und Adamski sowie *Flying Saucers from outer Space* von Major Keyhoe.* Obwohl sich beide Bücher in der Darstellung und der Methode stark unterscheiden, stimmen sie in der Wiedergabe konkreter Beobachtungen weitgehend überein. Mich überraschte an den Büchern nur die große Zahl von Sichtungen und die Art und Weise, wie manche mechanistischen Wissenschaftler um dieses ungeheuer brisante Thema herumredeten.

Hingegen überraschte mich nicht, daß es Besucher aus dem Weltraum gab, hatte ich doch nie an die Theorien geglaubt, die ohne empirische oder logische Begründung davon ausgingen, daß Leben einzig und allein auf dem winzigen, unbedeutenden Planeten Erde existiert. Ich hatte die vielen Gerüchte über fliegende Untertassen ernst genommen.

An einem Tag im August 1952 hatte ich mittags auf der Ter-

* Keyhoes Buch *Flying Saucers Are Real* war für mich bis März 1954 nicht zugänglich. Von Scullys Buch *Behind the Flying Saucers* wußte ich bis April 1954 nichts.

rasse meines Hauses gehört – aber nicht gesehen –, wie ein Objekt binnen weniger Sekunden mit unvorstellbarer Geschwindigkeit den Himmel kreuzte. Mir war klar, daß es sich um ein Raumschiff handelte. Nicht daß ich diese Beobachtung als sensationell empfunden hätte – sie wurde nicht einmal in unserem Logbuch verzeichnet. Schon mehrere Personen hatten im Verlauf des Jahres 1952 von *»fliegenden Untertassen«* bei Orgonon berichtet. Noch sahen wir jedoch keinen Zusammenhang zwischen Besuchern aus dem All und der DOR-Überflutung in Orgonon; das taten wir erst, als wir den beiden genannten Büchern detaillierte Informationen entnahmen, die viele Lücken schlossen in unserem Verständnis dessen, was sich in der Zeit der DOR-Überflutung in Orgonon ereignete. Diese Berichte informierten sehr kenntnisreich darüber, welche Art von Energie die Raumschiffe nutzten. Alle Funktionen, die bislang beschrieben worden sind, deuten auf Eigenschaften hin, die uns aus dem Studium der kosmischen primordialen Energie wohlvertraut sind.

Ersetzen wir an dieser Stelle für unseren eigenen Sprachgebrauch die zufällige Bezeichnung »fliegende Untertassen« durch das sachdienlichere Wort »Raumschiffe« von CORE-Menschen. »CORE« soll heißen, daß diese außerirdischen Wesen Techniken des COSMIC ENGINEERING (CORE) anwenden. Zählen wir zunächst einmal die Gründe auf, deretwegen wir als sicher unterstellen, daß die CORE-Menschen mit kosmischer Energie arbeiten.

1. *Kosmische Energie ist objektiv (auf Farbfilm) und subjektiv* BLAU. In den Berichten über Raumschiffsichtungen ist einhellig davon die Rede, daß aus den Öffnungen der Fluggeräte dieser CORE-Menschen *bläuliches Licht* leuchtete und daß die Maschinen von einem *bläulich-grünlichen* Feld umgeben waren, das seine Farbe allerdings manchmal in Abhängigkeit von der Geschwindigkeit änderte. Die beobachteten Farbwechsel

nach Weiß und Rot sind uns im Zusammenhang mit *orgonotischen* Erscheinungen vertraut, doch kann die Tatsache hier nicht sinnvoll dargelegt werden, ohne zugleich auf bislang unveröffentlichte Erkenntnisse über das Verhältnis zwischen Licht und OR-Energie näher einzugehen. Begnügen wir uns an dieser Stelle mit der Aussage, daß *Rot* und *Violett* bei manchen Funktionen der OR-Energie als Indikatoren einer hohen Konzentration auftreten und daß das *Weiße* der Sonne und des Tageslichts ebenfalls bestimmten energiereichen Zuständen der OR-Energie entspricht.

2. *Die vergleichsweise lautlose Fortbewegung der* CORE-*Raumschiffe*: OR-Funktionen gehen normalerweise geräuschlos vor sich, solange sie nicht in bestimmte mechanische oder elektrische Funktionen transformiert werden; die Fortbewegung lebender Organismen zum Beispiel entwickelt kein nennenswertes Geräusch, obgleich mit jeder Bewegung enorme Energien eingesetzt werden. Unter bestimmten Vorkehrungen ist es jedoch möglich, die Funktionsgeräusche dieser lautlosen Bewegungen hörbar zu machen – wenn man zum Beispiel die Membran eines Stethoskops auf das geschlossene Auge preßt oder mit dem Finger auf das Drahtgitter eines Geigerzählers drückt (bei abgeschalteter Hochspannung).

3. *Die* CORE-*Menschen betreiben ihre Flugkörper mit orgonotischen Feldeffekten der im Weltall und in der Hülle unseres Planeten vorhandenen* OR-*Energie*. Da das OR-Energiefeld der irdischen OR-Hülle auch die mit der Schwerkraft der Erde zusammenhängenden Funktionen bestimmt, ist es kein Wunder, daß die CORE-Menschen ihre Raumschiffe auf die in den genannten Büchern beschriebene Weise fortbewegen können. Im Verlauf des ORANUR-Experiments konnten in Orgonon Beobachtungen gesichert werden, die es als gewiß erscheinen lassen, daß ORANUR die Richtung und Intensität von Gravitationsfeld-

funktionen zu verändern vermag. Auf diesen Aspekt des Cosmic Engineering kann an dieser Stelle nicht weiter eingegangen werden.

4. *Die schweren* DOR-*Auswirkungen setzten in Orgonon drei Jahre lang jeweils zum Zeitpunkt der Frühjahrs-Tagundnachtgleiche ein.* Leslies Bericht beginnt mit dem 30. März 1952; mein eigener Bericht über die Schwärzung der Steine (»Blackening Rocks«, OEB V/1, 2, 1953) beginnt mit der neuen DOR-Krise am 24. März 1952 in Orgonon. Das ist kein Zufall. Im Bericht über das ORANUR-Experiment wurde der April 1952 als der Zeitraum bezeichnet, in welchem die krankmachenden DOR-Wolken erstmals im Gebiet von Rangeley beobachtet wurden. Der April 1952 war dem Leslie-Bericht zufolge auch der Monat mit den meisten Raumschiffsichtungen. Die krankmachenden DOR-Wolken müssen also mit den CORE-Raumschiffen im Zusammenhang stehen.

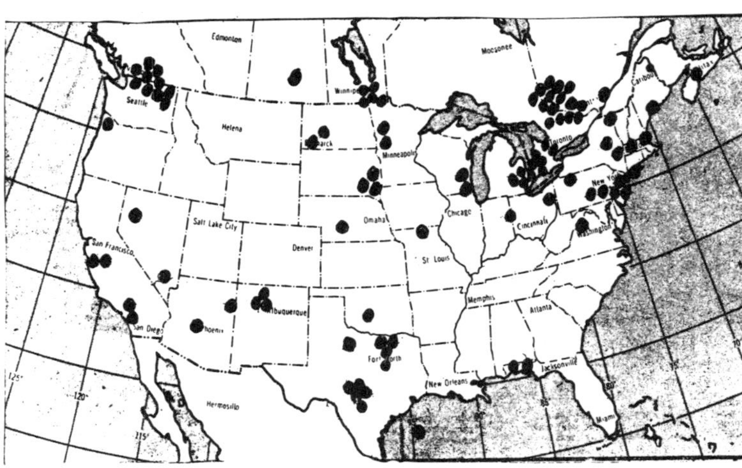

Abb. 3a: Raumschiffsichtungen im April 1952 (nach Angaben von Leslie und Keyhoe)

5. Die CORE-Raumschiffe nutzen wahrscheinlich die OR-Energieströme des Universums als Hauptverkehrsadern. Das gilt freilich nicht in jedem Falle; es kann auch sein, daß sie andere Vektorfelder der kosmischen Energie nutzen, gerade so wie Autos über Wiesen fahren könnten, auch wenn asphaltierte Straßen vorhanden sind. Für die oben geäußerte Vermutung sprechen folgende Tatsachen:

a) Die Rolle der wirklichen Bahn der Sonne (das Überschreiten des Himmelsäquators) war offenbar ebenfalls von Bedeutung für die Verschärfung des DOR-Notstandes unmittelbar nach der Frühjahrs-Tagundnachtgleiche. Diese Hypothese bedarf noch der gründlichen Erforschung und Klärung.

b) Die Raumschiffe nutzten höchstwahrscheinlich den *»galaktischen OR-Energiestrom«*. Wie sich aus theoretischen Ableitungen ergibt (siehe Wilhelm Reich, *Die kosmische Überlagerung*), schneidet dieser die äquatoriale Ebene Richtung Norden in einem Winkel von 62 Grad. Es kann kein bloßer Zufall sein,

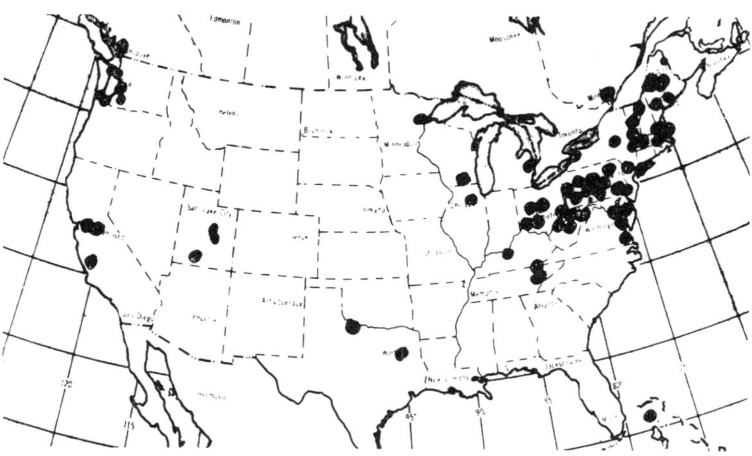

Abb. 3aa: Raumschiffsichtungen zwischen 5. März und 14. Juli 1954 (nach Informationen verschiedener Presse- und Rundfunkberichte)

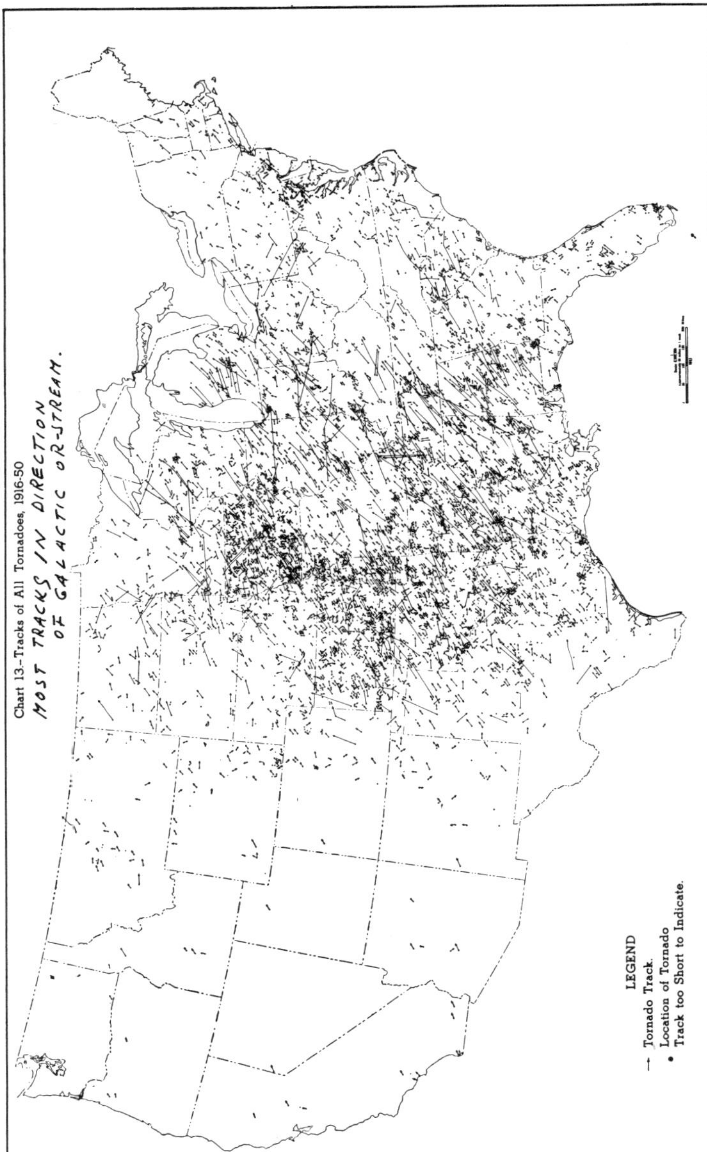

Abb. 3b: Zugbahnen aller Tornados 1916–1950, die meisten in Richtung des galaktischen OR-Stromes

daß die meisten Berichte über Sichtungen auf eine von Südwest nach Nordost gerichtete Flugbahn der Raumschiffe hindeuten (wobei jedoch auch viele andere Flugrichtungen genannt worden sind). Diese Hypothese erscheint wichtig genug, um hier erwähnt zu werden. Untermauert wird sie durch das häufige Auftreten von Wirbelstürmen, die sich unweit der texanischen Golfküste entwickeln, und deren Wanderrichtung, die mit der von Hurrikans und Tornados in Nordamerika übereinstimmt und fast 62 Grad Nordnordost beträgt (siehe Abb. 3b; auch »The Blackening Rocks«, OEB V/1, 2, 1953, Grafik S. 32). Im Februar und März 1954 wurde diese Region von Wetterkatastrophen wie Sandstürmen, Windhosen usw. heimgesucht.

6. Neben den vielen anderen Problemen, die wir in Orgonon zu bewältigen hatten, stellte sich zwangsläufig die Frage, was die CORE-Menschen veranlaßt haben könnte, die Erde in den letzten zwei bis drei Jahren so oft zu inspizieren. (Jeder Versuch, diese Frage vollständig zu beantworten, müßte zwangsläufig *alle* Sichtungen einbeziehen, die in den Akten der US-Regierung noch unter Verschluß gehalten werden.) Das ORANUR-Experiment schien noch die plausibelste Antwort auf diese Frage zu liefern, die natürlich weitergehender Klärung bedarf:

Die kosmische OR-Energie erfüllt das Weltall: Nach allem, was wir über ihre Eigenschaften wissen, wird sie irritiert und läuft Amok, wenn sie von Kernenergieprozessen erregt wird. Das 1951 durchgeführte ORANUR-Experiment hat den zweifelsfreien Beweis dafür erbracht. Die logische Schlußfolgerung hieraus lautet, *daß der höchst empfindliche OR-Ozean im Universum durch die atomaren Explosionen, die in den vergangenen drei bis vier Jahren in zunehmendem Maß durchgeführt wurden, stark irritiert worden ist.* Da die CORE-Menschen offenbar kosmische Energie zum Antrieb ihrer Raumschiffe nutzen, könnten sie beschlossen haben, die Ursache und die Natur dieser neuen und für sie existentiellen Bedrohung zu erforschen. Die unübersehbaren bare Schwärzung der Steine auf dem Mond zeugte vom Ausmaß dieser Irritation, auch wenn es gleichsam nur eine Demonstration am Miniaturmodell war.

Hieraus würde sich eine Antwort auf unsere Frage nach dem Grund für die häufigen Besuche außerirdischer Lebewesen ergeben. Die Tatsache, daß ihre Raumschiffe vorwiegend (wenn auch nicht ausschließlich) über Atomkraftwerken oder unweit davon beobachtet wurden, scheint gut zu dieser Annahme zu passen. Um Gewißheit zu bekommen, müßten wir allerdings die Begegnung mit ihnen suchen und sie geradeheraus fragen.

Die weit ins All hinauswirkenden ORANUR-Effekte der Atomexplosionen haben also die CORE-Menschen, die die Nutzung der kosmischen OR-Energie vollständig beherrschen, auf die Erde gelockt. Bisher lassen die verfügbaren Berichte darauf schließen, daß diese CORE-Menschen in friedlicher Absicht und nur zur Erkundung kamen. Hoffen wir, daß wir es schaffen, ihnen ebenso friedfertig gegenüberzutreten.

7. Über die *Herkunft* der Substanz, die wir *Melanor* nennen, kann kein Zweifel mehr bestehen. Sie zeigt Eigenschaften, die bis dahin völlig unbekannt waren. *Melanor stammt von den* CORE-*Menschen und ihren Raumschiffen.* Einige Fragen müssen jedoch baldmöglichst geklärt werden, wenn die Bedrohung, die die DOR-Wolken und das Melanor für die Menschheit darstellen, gebannt werden soll. *Endgültige* Antworten auf diese Fragen sind derzeit noch nicht möglich. Die Fragen selbst sollten jedoch *jetzt* formuliert werden. Sie könnten uns alsbald zu wahren, gültigen Antworten führen.

Diese Fragen lauten:

A. Sind die DOR-Wolken, die typischerweise von Westen und Südwesten heranziehen – sozusagen entlang der großen galaktischen »Autobahn« –, Abgase oder ähnliche Rückstände des von den CORE-Menschen bei ihren Reisen durch den Raum genutzten kosmischen OR?

B. Sind die DOR-Wolken nur *Überträger des Melanors*, das die CORE-Menschen *vorsätzlich* in unsere Atmosphäre streuen?
C. Wenn die DOR-Wolken das Resultat *vorsätzlicher* Handlungen der außerirdischen Wesen sind:
a. *Kommen sie mit guten Absichten? Wollen sie uns helfen?* Diese Möglichkeit kann und sollte nicht ausgeschlossen werden, denn ORANUR und DOR haben ganz ungewöhnliche Heilkräfte gezeigt, trotz der DOR-Krankheit oder vielleicht gerade deshalb; sie führt zu einer Art Immunisierung, und diesen Prozeß müssen die Menschen auf der Erde wohl durchlaufen.
b. *Oder ist der Zweck dieser DOR-Wolken, die Oberfläche unseres grünen Planeten in eine Wüstenlandschaft zu verwandeln, ähnlich wie sie auf dem Mond herrscht?* Die schweren Dürren der letzten Zeit, die zeitlich mit dem Auftreten von DOR und den CORE-Menschen zusammenfallen, könnten sehr wohl Ergebnis planvollen Handelns sein. In diesem Fall sollten wir uns nichts vormachen: Der Krieg zwischen der Erde und feindlichen Eindringlingen aus dem All, die mit uns unbekannten Waffen kämpfen, ist dann bereits im Gang und muß *sofort* erwidert werden.
Es ist nicht zwangsläufig davon auszugehen, daß Kriege immer so ablaufen, wie wir es gewohnt sind: mit diplomatischem Vorgeplänkel, auf das dann ein erklärter oder auch nicht erklärter Krieg folgt, bei dem mit viel Getöse aus allen möglichen Rohren geschossen wird und Gebäude in sich zusammenstürzen oder gar alle Städte auf Erden mit einem Schlag vernichtet werden, wie das in dem lehrreichen amerikanischen Film über fliegende Untertassen (1953) dargestellt wurde.
Wir müssen die Möglichkeit in Betracht ziehen, daß ein Krieg auch geführt werden kann in Form einer lautlosen, unmerklichen, langsam ablaufenden, aber planvoll gesteuerten Vernichtung des Lebens auf einem Planeten, seinem Trabanten

oder auch einem Stern. Wir müssen gefaßt sein, jede einzelne bisher heiliggehaltene Anschauung zu revidieren, wenn sie *neuen* Tatsachen und *neuen* Erfahrungen widerspricht.
Es könnte sein, daß in diesem Moment Krieg herrscht, ohne daß wir etwas davon bemerken, ein Krieg, in dem Menschen sterben, in dem sich Bäume wie Gummischläuche biegen, in dem sich grüne Weiden in Staubwüsten verwandeln und akademische und staatliche Institutionen das alles mit einem Achselzucken abtun. Kurz gesagt, es könnte sich als zutreffend herausstellen, was man ansonsten vielleicht als Ausgeburt eines schizophrenen Geistes zu betrachten geneigt wäre – daß nämlich in einem Krieg nicht mit Kugeln auf Menschen geschossen werden muß, sondern daß mit Apparaten, die mit dem orgonomischen Potential der kosmischen Energie arbeiten, den Opfern die Lebensenergie entzogen wird.

8. Die CORE-Menschen kennen zweifellos nicht nur die physikalischen Eigenschaften der kosmischen primordialen Energie. Sie sind auch mit dem vertraut, was die Orgonomie seit mehr als zwei Jahrzehnten über die Eigenart des in dieser Energie enthaltenen LEBENS zu wissen glaubt. Dieser Zusammenhang ist ganz offenkundig und wird derzeit in unserem Laboratorium durch Untersuchungen über das von uns sogenannte »ORIN« (O_ϵ) untermauert. Es handelt sich dabei um eine Substanz, die, wie bereits gesagt, vom Melanor stammt und nichts anderes ist als LEBENSENERGIE IN MATERIEÄHNLICHER FORM.

Erkenntnisse über derart unterschiedliche entfernte Phänomene wie Atmosphäre, kosmische DOR-Wolken, Raumschiffe usw. beginnen ineinanderzugreifen und einen Sinn zu ergeben. Die Tatsache, daß diese außerirdischen Lebewesen die Eigenschaften der kosmischen Lebensenergie kennen, diese Energie als Antriebskraft nutzen und im Umgang mit ihr große Meisterschaft entwickelt haben, deutet darauf hin, daß sie wahrscheinlich NICHT GEPANZERT sind. Es gibt hierfür nicht nur direkte Belege, sondern gleichsam auch das Gegenteil davon, einen indirekten Beweis – den Umstand nämlich, daß der gepanzerte Erdenmensch bisher alles in seiner Macht Stehende getan und sogar sein Wissen dazu benutzt hat, alle Wege, die ihn zu eben dieser kosmischen Energie führen könnten, zu zerreden, zu zerdenken, zu zertreten, zu kriminalisieren, und das aus einem einzigen Grund: um sein Leben *ungestört in den eingefahrenen Bahnen seiner Panzerung* fortsetzen zu können.

Wir stehen vor einer kritischen Situation, nicht nur als die Spezies Mensch; *vielmehr ist das Lebensprinzip als solches auf der Erde bedroht.* Wir können uns nicht länger unsere kleinlichen Spitzfindigkeiten um nichts erlauben, als ob nichts passiert wäre. *Wir befinden uns mitten in einem tiefen und entscheidenden Umbruchprozeß, der unsere gesamte biologische, physische, emotionale und kosmische Existenz betrifft.* Beginnen wir also, ein dieser Situation angemessenes Verhalten an den Tag zu legen.

Der eigentliche Gefahrenpunkt ist:

Falls wir hier auf Erden durch Wüstenbildung unsere Existenzgrundlage verlieren, müssen wir uns auf die Maßnahmen konzentrieren, die ergriffen werden können (sofern welche zu Gebote stehen), um der Gefahr vernünftig zu begegnen.

III. DOR-Beseitigung, Cloudbusten, Nebelauflösung*

A. DOR-Wolken

Es ist möglich geworden, *das Funktionsprinzip des orgonomischen Potentials auf die Auflösung und Bildung von Wolken anzuwenden.* Diese technische Anwendung des orgonomischen Potentials** drängte sich diesem Institut in der Notsituation auf, unter der Orgonon etwa vom 21. März 1952 an bis heute, Mai 1954, zu leiden gehabt hat. Das Überleben in dieser Region hing davon ab, daß Mittel und Wege gefunden wurden, die »DOR-Wolken«, wie wir die krankmachenden Konzentrationen von DOR ÜBER ORGONON nannten, zu entfernen.

Ich möchte zunächst erklären, was es mit diesen DOR-Wolken auf sich hat: wie sie aussehen, was sie bewirken und was man gegen sie tun kann. Zum ersten Mal beobachtet und als solche verstanden wurden die DOR-Wolken in den ersten Maitagen des Jahres 1952. Fassen wir die wichtigsten Merkmale dieser DOR-Wolken zusammen, die in unterschiedlichen Zeitabständen über Orgonon auftauchten und meist von Westen kamen:

* Erstmals publiziert in: OEB, IV/4, 1952.

** Siehe hierzu: Wilhelm Reich, *Das Oranur-Experiment, 1. Bericht, 1947 bis 1951.*

1. »Stille« und »Stumpfheit«

Eine Atmosphäre der »Stille« und »Stumpfheit« breitet sich über der Landschaft aus, ziemlich klar abgegrenzt von nicht betroffenen umliegenden Gebieten. Die Stille stellt sich dar als ein regelrechtes Ersterben der Lebensäußerungen in der Atmosphäre: Die Vögel hören auf zu singen, die Frösche quaken nicht mehr. Nirgendwo ist etwas vom Leben zu hören. Die Vögel fliegen tief oder halten sich in den Bäumen verborgen. Tiere drücken sich am Boden entlang, ihre Bewegungsfähigkeit ist stark eingeschränkt. Die Blätter und Nadeln der Bäume sehen sehr »traurig« aus; sie hängen herab, verlieren ihre Spannkraft und die Fähigkeit, sich aufzurichten. Die Seen und die Luft verlieren alles Funkeln, alles Flimmern. Die Bäume wirken schwarz, als ob sie absterben. Der allgemeine Eindruck ist tatsächlich der, daß die Natur in *Schwärze*, oder besser in *Stumpfheit*, verfällt. Nicht daß sich etwas »*auf* die Landschaft legen« würde – *es ist vielmehr so, als ob das Pulsieren des Lebens* AUS *der Landschaft verschwände.*

2. Das Verschwinden des Funkelns und Flimmerns

Das Verschwinden des Funkelns und Flimmerns aus der sonnenbeschienenen Landschaft haben mehrere Beobachter, die auf dem Land aufgewachsen sind, unabhängig voneinander bestätigt. Bäume, Felsen, Telegrafenmasten, Bergflanken und Häuser wirken »schwarz«, obwohl sie eigentlich nicht schwarz sind. Man hat eher den Eindruck eines *Mangels an Licht.* Dem orgonomisch geschulten Beobachter erscheint dies als Folge einer Ausdünnung oder eines Mangels an OR-Energiesubstrat, das bei strahlendem Tageslicht normalerweise ein Flimmern oder pulsierendes Funkeln hervorbringt. 1953 konnte das Fehlen der OR-Erstrahlung auf Farbfilm festgehalten werden. Es ist wichtig, sich zu vergewissern, daß DOR-Wolken die Sonne nicht verdecken. Die Sonne scheint zwar weiter, aber die grüne Farbe von Bäumen und Wiesen verschwindet. Alles scheint schwarz oder »dumpf« zu werden. Man kann sich des Gefühls nicht erwehren, daß hier der TOD regiert, der »stumpfe Tod«, wie manche sagen. Besonders hartnäckig hält sich die Glocke schwarzer Stumpfheit über Landschaften ohne Vegetation und über Sumpfgebieten. Sümpfe haben eine eigenartige Affinität zu DOR-Effekten. Sie sind ja im Grunde nichts anderes als Ansammlungen stehenden Wassers, das Fäulnisprozesse fördert und das gerade Gegenteil vom frischen Wasser fließender Bäche und Flüsse ist, das der Fäulnis entgegenwirkt. Sie unterscheiden sich gerade durch das Fehlen bzw. das Vorhandensein eines orgonotischen Metabolismus. Auf diesem Gebiet ist alles noch sorgfältig zu erforschen. Wir sind allenfalls dabei, uns einen ersten allgemeinen Überblick zu verschaffen.

Das fehlende Funkeln läßt sich aus einem *Rückgang des orgonotischen Pulsierens und des Energiemetabolismus bei Pflanzen und Tieren* erklären. Ein diese Annahme stützendes Indiz scheint der Umstand, daß auch an der Wasseroberfläche von Seen das orgonotische Pulsieren aufhört; das Wasser wird still und unbewegt.

Eine DOR-Wolke ist gewöhnlich von normaler atmosphärischer OR-Aktivität umgeben: Bergketten erscheinen *blau*, die Atmosphäre flimmert im Sonnenschein, die Bäume sind grün. Man hat das Gefühl, daß die natürliche kosmische OR-Energie sich von der »schlechten«, »stumpfen«, »schwarzen«, »leblosen« DOR-Wolke zurückzieht und sie vorbeiziehen läßt. Nächtliche Beobachtungen zeigen erstrahlendes OR, das die stumpfen DOR-Wolken umgibt und bekämpft. Bei Tage erscheinen die Berge *schwarz*; ihre sonstige blaugraue Farbe, die Farbe der OR-Energie, haben sie verloren. Wieder drängt sich der gefühlsmäßige Eindruck der »Traurigkeit« auf. Die Farbe der Bergketten wirkt jetzt irgendwie »schmutzig« oder schwärzlich mit einem Stich ins *Rötliche*. Wenn sich die DOR-Wolke verzogen hat, kehrt das intensive *blaugraue Flimmern* zurück. Wir haben gelernt, präzise zu registrieren, wann die krankmachende DOR-Stumpfheit wieder einer normalen OR-Aktivität Platz macht.

3. Bioenergetische Erkrankung beim Menschen

Menschen reagieren auf DOR-Wolken mit gravierenden Krankheitssymptomen. Viele wissen nicht oder können sich nicht erklären, was mit ihnen vorgeht. Sie sprechen von »Hitze«, irgendwelchem »Atomstaub« oder einfach von »schlechter Luft«. Manche sind in einem für Orgonomen erstaunlichen Maß biologisch unempfindlich. Andere *kennen* diese todbringenden Wolken, nicht vom Verstand her, sondern durch ihren *ersten, orgonotischen Sinn*. »Da liegt etwas Schlechtes in der Luft«, hört man sie sagen, oder: »Da geht irgendwo etwas vor«. In solchen Aussagen zeigt sich Sensibilität, aber auch Argwohn. »Ich kriege keine Luft« oder: »Es trifft mich wie ein Schlag, wenn ich morgens meinen Laden betrete« usw. Manchmal muß man dieselbe Frage beharrlich immer wieder stellen, bis man aus einem verängstigten oder verunsicherten Menschen die Antwort hervorlockt: »Ja, wenn Sie's unbedingt wissen wollen, ich spüre es manchmal, wie wenn etwas sich um meinen Kopf zusammenzieht, wie eine Mauer, aber ich kann es nicht richtig spüren, und dann bekomme ich mein schlimmes Kopfweh.« Oder: »Hinter meiner Stirn braut sich etwas zusammen ...« usw.

Menschen, die emotional nicht vollkommen abgestorben sind, die sich also noch nicht weit unterhalb des normalen bioenergetischen Funktionsniveaus bewegen, nehmen gewöhnlich *»Wetterumschwünge«* wahr; sie haben ein Empfinden für die Vegetation und das »allgemeine Befinden« der Dinge. 1952 trieben die ersten Knospen in der Gegend von Rangeley frühzeitig, nämlich bereits Mitte April. Die Menschen wollten diese erstaunliche Tatsache nicht recht begreifen; denn normalerweise rechnet man dort nicht vor Ende Mai damit. Anfang Juni konnte man öfter Bemerkungen über seltsame »schwarze« Wolken hören, die von Westen heranzogen und aus einem rätselhaften Grund über Orgonon gleichsam festhingen. Auch die Üppigkeit der Vegetation wurde als etwas Besonderes bemerkt und allgemein mit Freude aufgenommen.

4. Reaktionen des Geigerzählers

Die Reaktionen des Geigerzählers auf die DOR-Wolken verdienen unsere besondere Aufmerksamkeit. An dieser Stelle sollen jedoch nur einige grundlegende Beobachtungen zur Sprache kommen.

Wenn eine DOR-Wolke über ein bestimmtes Gebiet hinwegzieht, reagiert der Geigerzähler auf eine seltsame, außergewöhnliche Weise. Als solche Reaktionen im Vorfrühling des Jahres 1951 erstmals beobachtet wurden, glaubten wir, dies seien »bloß« durch Batterieschwäche bedingte Fehlanzeigen. Seither haben wir die Wichtigkeit und Bedeutung solcher »Fehlanzeigen« erkannt und uns fundierte Vorstellungen über die atmosphärischen Bedingungen vor, während und nach dem Durchzug von DOR-Wolken gemacht. Zwischen folgenden »Störungen« des Geigerzählers ist zu unterscheiden:

a) »BLOCKIEREN«: Der tragbare Geigerzähler (SU-5, Tracerlab) »rast« bis zur Anzeigegrenze von 100 000 cpm (Impulse pro Minute) oder 20 mR/h.

b) »VERSAGEN« oder »ABKLINGEN«: Die Impulse verlangsamen sich rasch, bis sie unter das Niveau der normalen Hintergrundstrahlung von 30–40 cpm sinken. Die Nadel bleibt auf 5 oder 10 cpm stehen oder tendiert gegen Null, wenn das Gerät auf den Zählbereich bis 100 cpm eingestellt ist. Das geschieht in einer extrem hoch aufgeladenen Atmosphäre.

c) »BLOCKIEREN« und »ABKLINGEN«: In einer sehr stark aufgeladenen OR-Atmosphäre können beide Reaktionen unabhängig voneinander vorkommen. Manchmal folgt das Abklingen auf das Blockieren. Häufig kann man auch beobachten, daß der Geigerzähler anfänglich die normale Hintergrundstrahlung von 30 bis 50 cpm anzeigt, um dann, nach ein oder zwei Minuten, loszurasen und hohe oder sogar die höchstmöglichen Werte anzuzeigen, die in jedem Atomreaktor Alarm auslösen würden. Genaueres über diese Vorgänge ist noch nicht bekannt. Plausibel erscheint aber die Annahme, daß *Abklingen, Blockieren* und *Rasen* allesamt nur Varianten ein und derselben Störung sind: einer ÜBERLADUNG des Zählrohrs.

Noch einmal: Der Zeiger bewegt sich überhaupt nicht: – VERSAGEN; oder er kehrt nach anfänglichem normalem Zählen gegen 0 zurück: – ABKLINGEN. Oder er klettert, entweder sofort oder nach einer kurzen Phase mit normaler Reaktion, auf abnorm hohe Werte: – RASEN. Er kann auch bis zur Anzeigegrenze und darüber hinaus hochschnellen und dort hängenbleiben, mit oder erst ohne nachfolgendes Abklingen: – das heißt BLOCKIEREN.

Die hier getroffenen Unterscheidungen sollen natürlich noch korrigiert und später im einzelnen interpretiert werden.

d) *Der »erratische« Geigerzähler*: Wenn DOR-Wolken vorüberziehen, kann man bei tragbaren Geigerzählern zudem ein Verhaltensmuster beobachten, das, psychologisch gesprochen, den Eindruck vermittelt, das Zählgerät sei »nervös« geworden und könne sich sozusagen nicht entscheiden, ob es nun rasen, abklingen oder blockieren soll. Die Nadel zeigt in diesen Fällen zunächst die normalen 30 bis 40 cpm an; dann rast sie auf, sagen wir, 500 cpm hoch, um danach allmählich wieder, wie beim Abklingen, bis auf 100 und weiter auf 70 cpm zurückzusinken, um erneut wieder zu rasen und 10 000 oder sogar 30 000 cpm zu erreichen. Schließlich folgen noch höher angesiedelte auffällige Ausschläge nach unten oder zwischen 10 000 und 100 000 cpm;

der ganze Vorgang kann mit einem Blockieren oder einem völligen Abklingen enden.

Diese Beschreibung einiger unterschiedlicher Verhaltensweisen des tragbaren Geigerzählers soll vorderhand genügen. Festzuhalten ist allerdings noch, daß Geigerzähler in einem *Plastikgehäuse* nur das Abklingen oder Versagen zeigen. Obwohl nur Beobachtungen aus einem einzigen Test mit einem neuen Geigerzähler mit Plastikgehäuse vorliegen, läßt sich die Ursache darin vermuten, daß das Plastikmaterial OR stark absorbiert, ohne es wieder abzugeben. Diese Beobachtung bedarf der weiteren Ausarbeitung und Bestätigung.

Anfänglich, im März und April 1952, waren wir der Meinung, die DOR-Wolken, die von Westen heranzogen, stammten von Atombombentests im westlichen Teil der USA. Es konnte jedoch später mit Gewißheit festgestellt werden, daß in den USA im März 1952 keine Atombomben getestet wurden. Die Herkunft der DOR-Wolken ist daher bis zum heutigen Tag ein Rätsel. Daß die Krise in Orgonon begann, kurz nachdem im Mittelwesten am 21. März 1952 ein Tornado gewütet hatte, machte uns auf die Möglichkeit aufmerksam, daß wir es mit gewissen höchst rätselhaften *kosmischen Ereignissen* zu tun hatten.

Die DOR-Überflutung in Orgonon verschlimmerte sich im April rasch. Die emotionale und körperliche Belastung wurde unerträglich, und es wurde jetzt zu einer Frage des Überlebens, ob die Anhäufungen der schwarzen DOR-Wolken, die immer öfter über Orgonon verharrten, entfernt werden konnten. Dabei kam uns eine scheinbar belanglose, lange Zeit unbemerkt gebliebene Beobachtung zu Hilfe:

Als es 1940 erstmals gelang, am Mooselookmeguntic-See in der Nähe von Rangeley durch lange Metallrohre die atmosphärische OR-Energie sichtbar zu machen, hatte es, während einige der Rohre zufällig auf die Seeoberfläche gerichtet wurden, den Anschein, als wirke sich dies auf die Wellenbewegung aus. In dieser frühen Phase der OR-Forschung erschien das ziemlich unglaublich; man ließ die Sache auf sich beruhen, und bald geriet sie in Vergessenheit. Doch diese unglaubliche Wirkung von Metallrohren auf energetische Abläufe wie Wellenbewegungen blieb mir zwölf Jahre in Erinnerung. Als die DOR-Belastung in Orgonon Ende April unerträglich wurde, richteten wir einige Metallrohre von 2,75 bis 3,65 m Länge und rund 40 mm Stärke auf die schwarzen DOR-Konzentrationen am Himmel über uns und verbanden die Rohre mittels BX-Schläuchen mit einem Tiefbrunnen.

Die Wirkung trat unmittelbar ein: Die schwarzen DOR-Wolken begannen zu schrumpfen. Wenn wir die Rohre *gegen* die OR-Energieströmung richteten, das heißt westwärts, setzte regelmäßig nach wenigen Minuten des »ZIEHENS«, wie wir diese Operation bald nannten, eine westöstliche Brise ein; frische, blaugraue OR-Energie strömte herein und breitete sich da aus, wo kurz zuvor noch die krankmachenden DOR-Wolken gewesen waren. Bald lernten wir, daß wir auch Regenwolken beeinflussen konnten, sie also wachsen und schrumpfen lassen sowie in Bewegung versetzen konnten, indem wir bestimmte, genau festgelegte Manipulationen mit diesen Rohren vornahmen.

Aus den ersten tastenden Versuchen, gegen den DOR-Notstand in Orgonon vorzugehen, ergabenen sich im Verlauf einiger Monate systematischere Experimente zum Aufbau und zur Auflösung von Wolken sowie zur Regenerzeugung beziehungsweise seiner Beendigung. Um über diese vielversprechenden Experimente hinaus anspruchsvollere CORE-Operationen durchführen zu können, ließen wir im September/Oktober 1952 in Portland (Maine) unsere beiden ersten C.OR.E. »CLOUDBUSTER«-Einheiten bauen.

Auf den nachfolgenden Seiten sollten lediglich die Grundprinzipien des »CLOUDBUSTENS« skizziert werden. Eine eingehendere Darstellung der technischen Aspekte wird im Rahmen einer größeren, dem Thema des Cosmic Orgone Engineering (C.OR.E.) gewidmeten Arbeit folgen.

B. Die Grundprinzipien des »Cloudbustens«

1. »Cloudbusten«

Mit dem Begriff »Cloudbusten«, wie er in dieser Schrift benutzt wird, werden alle Techniken bezeichnet, die im Zusammenhang mit der Zerstörung wie auch mit dem *Aufbau* von Wasserdampfwolken in der Atmosphäre sowie von allen möglichen Orgonenergiekonzentrationen, die Schwerkraft eingeschlossen, eingesetzt werden; kurz gesagt, alle Phänomene, die mit klimatischen Veränderungen in der Atmosphäre zu tun haben oder von ihnen herrühren. Zu nennen sind das Wetter, die Luftfeuchtigkeit, die Niederschlagsmenge in einer bestimmten Zeit, Unwetter, Wirbelstürme, »DOR-Wolken«, ORANUR-Funktionen in der Atmosphäre, Änderungen aller Art im OR-Energiezustand der Atmosphäre, die Entstehung von Wüsten und von Zonen grüner Vegetation und alle ähnlichen Vorgänge, die vom Vorhandensein oder Fehlen, von Knappheit oder Überfluß an OR-Energie, Sauerstoff, Wasserdampf, Regen, Sonne und Wind sowie von deren Wechselwirkungen abhängen.

2. Technische Nutzung des »orgonomischen Potentials«

Unter dem »orgonomischen Potential« verstehen wir sämtliche Funktionen in der Natur, die auf dem Strömen kosmischer Energie (oder Potentials) von NIEDRIGEN ZU HOHEN oder von SCHWÄCHEREN ZU STÄRKEREN SYSTEMEN beruhen. Das orgonomische Potential ist sowohl die Grundlage als auch der funktionelle Gegenpart des mechanischen Potentials, der Wärme, der elektromagnetischen Energie, der potentiellen Energie usw. Seinen klarsten Ausdruck findet das orgonomische Potential in der Tatsache, daß die meisten Lebewesen auf unserem Planeten eine Körpertemperatur bewahren, die über der ihrer Umgebung liegt, und auch in der Funktion der *Gravitations- oder Anziehungskraft.* In beiden Fällen entzieht das stärkere Energiesystem einem benachbarten schwächeren System Energie oder zieht dieses System an; in beiden Fällen kommt es zu einer *Potentialverlagerung vom niedrigen zum hohen, vom schwachen zum starken System.* Die Gravitation funktioniert offenkundig nach diesem Prinzip.

Das Cloudbusten beruht weitgehend, wenn nicht gänzlich, auf der technischen Anwendung des orgonomischen Potentials, das die OR-Funktionen in der Atmosphäre steuert.

Bei der technischen Nutzung des orgonomischen Potentials lassen sich zwei Hauptgruppen unterscheiden:

a) ERHÖHUNG *des OR-Potentials*; in diesem Fall wird OR *konzentriert* und ein höheres oder stärkeres OR-Potential *aufgebaut.* Hieraus erwachsen völlig andere Wirkungen als aus der

b) SENKUNG *des OR-Potentials*; in diesem Fall *zerstreuen* oder *zersetzen* wir OR; wir *senken* die Potentialdifferenz und initiieren eine Tendenz zu einer mehr oder weniger gleichmäßigen Verteilung von OR in der atmosphärischen OR-Energiehülle des Planeten. Wir agieren im Sinne des mechanischen Potentials.

Regenwolken, Gewitterwolken, Wirbelstürme und Tornados sind, vom orgonomischen Standpunkt aus betrachtet, nur unterschiedliche Äußerungsformen einer und derselben Grundfunktion, *nämlich der Kombination von konzentrierten OR-Energieströmen mit Wasserdampf.*

Vom Zusammenspiel der Variablen wie Intensität, Richtung und Ort, die die Kombination aus Wasser und OR ($H_2O \rightleftharpoons OR$) beeinflussen können, hängen viele atmosphärische Zustände ab; die meisten bedürfen noch der eingehenden Erforschung und der logischen Erklärung.

Die beiden Grundprinzipien des Cloudbustens, nämlich *Erhöhung* und *Senkung* des OR-Potentials, sollen jedoch für den Augenblick genügen, um die technischen Einsatzmöglichkeiten verständlich zu machen.

Wenn wir Wolken *auflösen* wollen, müssen wir das orgonomische Potential so einsetzen, daß ihr Potential *abnimmt.*

Wenn wir Wolken bilden oder bestehende Wolken weiter aufbauen wollen, müssen wir das OR-Potential so einsetzen, daß die Potentialdifferenz zwischen den Wolken und ihrer unmittelbaren Umgebung *zunimmt.*

Um diese beiden Grundprinzipien zu einer befriedigenden praktischen Anwendung zu bringen, müssen wir ein Gerät bauen und dann einsetzen, das in der Lage ist, der atmosphärischen OR-Energiehülle OR zuzuführen; oder wir müssen ein Gerät konstruieren, das der OR-HÜLLE ENERGIE ENTZIEHT, und zwar in der Form, daß das derart behandelte Gebiet bestimmte Energiemengen an andere Gebiete *abgibt* und dadurch eine Veränderung der atmosphärischen Energiekonzentration bewirkt wird.

Da die technische Möglichkeit, der Atmosphäre Energie zuzuführen, im Moment noch nicht beteht, müssen wir uns auf die andere Methode beschränken, nämlich DER ATMOSPHÄRE ENERGIE ENTZIEHEN.

3. Das Abziehen atmosphärischer OR-Energie

Wenn wir der Atmosphäre OR entziehen wollen, müssen wir zwei Anforderungen erfüllen: a) Wir müssen mit einem Gerät arbeiten, das OR *abzieht*; b) wir müssen wissen, wohin wir diese Energie abführen.

Wir bewerkstelligen dies im Grunde dadurch, daß wir das Funktionsprinzip des BLITZABLEITERS umkehren:

Der Blitzableiter gehorcht ebenfalls den orgonomischen Funktionsprinzipien, ist doch ein »Blitz« nichts anderes als atmosphärische OR-Energie, die sich auf engstem Raum entlädt. Der in den Himmel ragende Metallstab lenkt die Entladungsenergie des Blitzes auf sich und leitet sie über starke Drähte in die Erde ab. Ein solches Blitzableitersystem funktioniert nach *orgonomischen*, nicht nach elektrischen Grundsätzen: Das System bewirkt, daß die atmosphärische Ladung *von* der Atmosphäre *zur* Spitze des Blitzableiters und weiter in Richtung Erdboden fließt. Die Eigenschaft des *orgonomischen* Potentials, *vom schwachen zum starken System* zu fließen, zeigt sich also auch im Falle des Blitzableiters. Würde das Blitzableitersystem dem elektrischen Prinzip des Potentialflusses vom hohen zum niedrigen Energieniveau gehorchen, so müßte die Fließrichtung zwangsläufig die umgekehrte sein: von der Erdoberfläche zur Atmosphäre. Die Energie müßte dann von der Spitze des Blitzableiters aus *abgestrahlt* werden.

Das Cloudbusten zeigt seine funktionellen *Gemeinsamkeiten* mit der Arbeitsweise des Blitzableiters erst dann, wenn wir *beide* Vorgänge, das Cloudbusten und auch das Blitzableiten, auf die gemeinsame Funktionsgrundlage des OR-Potentials zurückführen.

Das Cloudbusten *unterscheidet* sich vom Blitzableiten in viererlei Hinsicht: (1) Sein Zweck besteht nicht darin, Blitze anzuziehen und in die Erde abzuleiten, sondern OR-*Energieladungen* aus der Atmosphäre und aus Wolken *abzuziehen*. Die Kräfte, die dabei wirken, sind dieselben wie im Blitz – mit einem wichtigen Unterschied: *Der Cloudbuster zieht die Ladungen langsam ab, in kleinen Mengen pro Zeiteinheit*, also gleichsam in zeitlicher und energetischer Verdünnung, anstatt in Form eines hochkonzentrierten Blitzes. Der Cloudbuster tut dies (2) mittels langer, *hohler Rohre* anstelle massiver Eisenstangen.

Die Rohre, die in beliebiger Zahl gebündelt werden und durchaus länger sein dürfen als die rund 4 m langen Exemplare, die wir bei unseren ersten Cloudbusterexperimenten benutzten, haben die Funktion, (3) *den atmosphärischen* OR-*Energiestrom auszulösen und in bestimmte Richtungen zu lenken*. Die Rohre dienen dazu, dieses gerichtete Abfließen von Energie auszulösen. Fließt die OR-Energie erst einmal in die gewollte Richtung, so bleibt es dabei, bis ein neuerlicher natürlicher oder künstlicher Reiz eintritt, der erneut zu einer Veränderung führt. Demgegenüber ist der Blitzableiter nicht dazu bestimmt, OR zielgerichtet zu lenken. Er funktioniert lediglich als Erdleiter für den FALL, daß sich in seiner unmittelbaren Nähe eine *konzentrierte* OR-Entladung, das heißt ein Blitz, ereignet.

(4) Der Cloudbuster leitet OR-Ladungen nicht in die Erde ab, *sondern ins* WASSER, bevorzugt in *fließende* Gewässer wie Bäche, durchflossene Seen und Flüsse. Wir benutzen Wasser, weil zwischen Wasser und OR eine stärkere Anziehung herrscht als zwischen anderen Elementen und OR. Wasser zieht OR nicht nur rasch ab, sondern speichert es auch, insbesondere in Wolken. Somit ergibt sich für das Cloudbusten das in Abbildung 4 skizzierte Schema.

Diese Skizze zeigt lediglich das *Prinzip* der Wolkenauflösung; sie bietet dem Techniker nicht die Handhabe zur Auflösung aller bekannten Wolkentypen. Diese Aufgabe wird in künftigen Experimenten des Cosmic Engineering angegangen werden müssen; dazu gehören vielfältige Lösungsansätze, in unterschiedlichen Weltregionen, mit Cloudbustern unterschiedlicher Bauart (was Anzahl, Länge und Durchmesser der Rohre, Abzugsrichtung, Wolkengröße, unseren Wissensstand usw. betrifft). Das Verfahren kann jedoch als grundsätzlich gesichert gelten:

WOLKEN AUS WASSERDAMPF LASSEN SICH AUFLÖSEN, INDEM MAN, GEMÄSS DEM ORGONOMISCHEN POTENTIAL, ATMOSPHÄRISCHE (KOSMISCHE) OR-ENERGIE AUS DEM ZENTRUM DER WOLKE ABZIEHT. DAMIT SCHWÄCHT MAN DIE KOHÄSIONSKRAFT DER WOLKE: ES STEHT WENIGER ENERGIE ZUR VERFÜGUNG, UM DEN WASSERDAMPF ZUSAMMENZUHALTEN, WESHALB DIE WOLKEN SICH ZWANGSLÄUFIG AUFLÖSEN MÜSSEN. DIE ORGONOMISCHE POTENTIALDIFFERENZ ZWISCHEN DER WOLKE UND IHRER UMGEBUNG WIRD VERRINGERT.

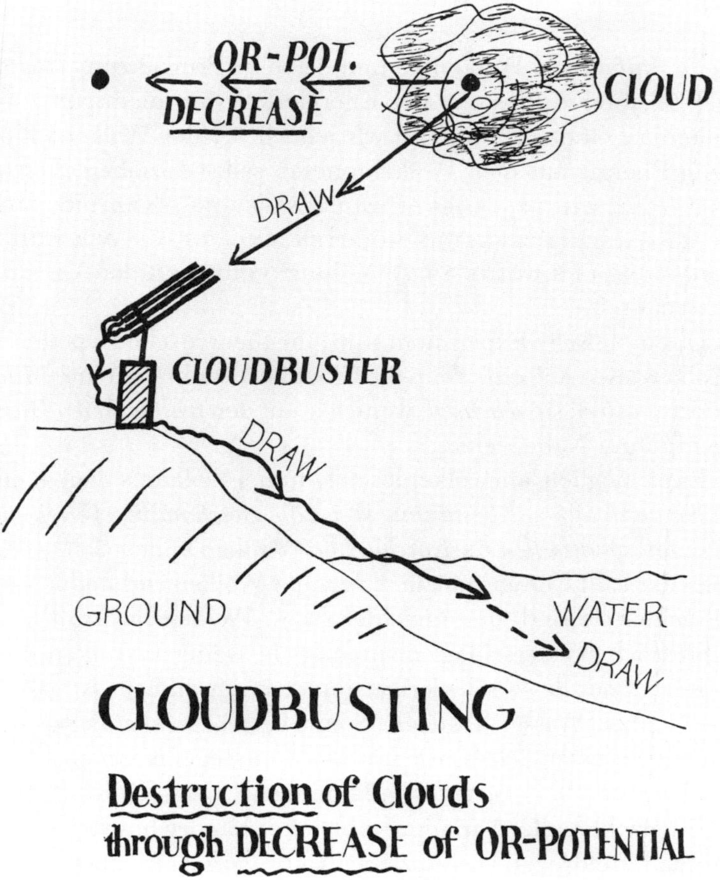

Abb. 4: Wolken auflösen mit dem Cloudbuster (Or-Pot. Decrease – Verringerung des Or-Potentials / Cloud – Wolke / Draw – Ziehrichtung / Ground – Boden / Water – Wasser / Destruction of Clouds through Decrease of Or-Potential – Auflösung von Wolken durch Verringerung des Or-Potentials)

4. Der Aufbau von Wolken

Beim *Aufbau* von Wolken kommt dasselbe Prinzip zum Tragen wie bei ihrer Auflösung: der Energiefluß vom niedrigen zum höheren Potential. Während wir jedoch bei der Wolkenauflösung Energie aus dem Wolkeninneren selbst abziehen, ziehen wir, WENN WIR BESTEHENDE WOLKEN VERGRÖSSERN UND ZUM REGENMACHEN ÜBERGEHEN MÖCHTEN, ENERGIE AUS DER NAHEN UMGEBUNG DER WOLKE AB. Abbildung 5 illustriert den Vorgang schematisch.

Das praktische Experiment stützt die theoretische Hypothese: Wolken *lösen sich auf*, wenn die Cloudbusterrohre auf ihre *Mitte* gerichtet sind; sie *wachsen*, wenn wir auf den *wolkenfreien Himmel* in ihrer Nähe zielen.

Es ist möglich, am wolkenlosen Himmel Wolken aufzubauen, *indem man auf eine bestimmte Weise die gleichmäßige Verteilung der atmosphärischen* OR-*Energie stört.* Wolken bilden sich, wenn man der Luft Energie entzieht. Je mehr Wolken vorhanden und je dichter sie sind, desto leichter ist es, Wolkenwachstum und schließlich Niederschlag anzuregen. Je weniger Wolken vorhanden sind, desto schwieriger und zeitaufwendiger ist es, bis die Wolken Wasser abgeben. Somit besteht in der Praxis ein ziemlich krasser Gegensatz zwischen dem Regenmachen bei *bewölktem* und bei *wolkenlosem* Himmel.

Ungeachtet aller Variationen bleibt es bei der bereits formulierten Grundregel: Das Abziehen von Energie aus einer Wolke zerstört die Wolke. Das Abziehen aus ihrer Umgebung läßt sie anwachsen.

An dieser Stelle müssen wir noch folgendes bemerken: Heftige Folgewirkungen von Cloudbusteroperationen in Rangeley sind an entfernten Orten (z. B. Boston) beobachtet worden; solche Fernwirkungen sind der Kontinuität der OR-Hülle zuzuschreiben. Um dies im einzelnen zu erfassen, wird es weiträumiger und sorgfältiger Forschungen bedürfen. Wir sind beim

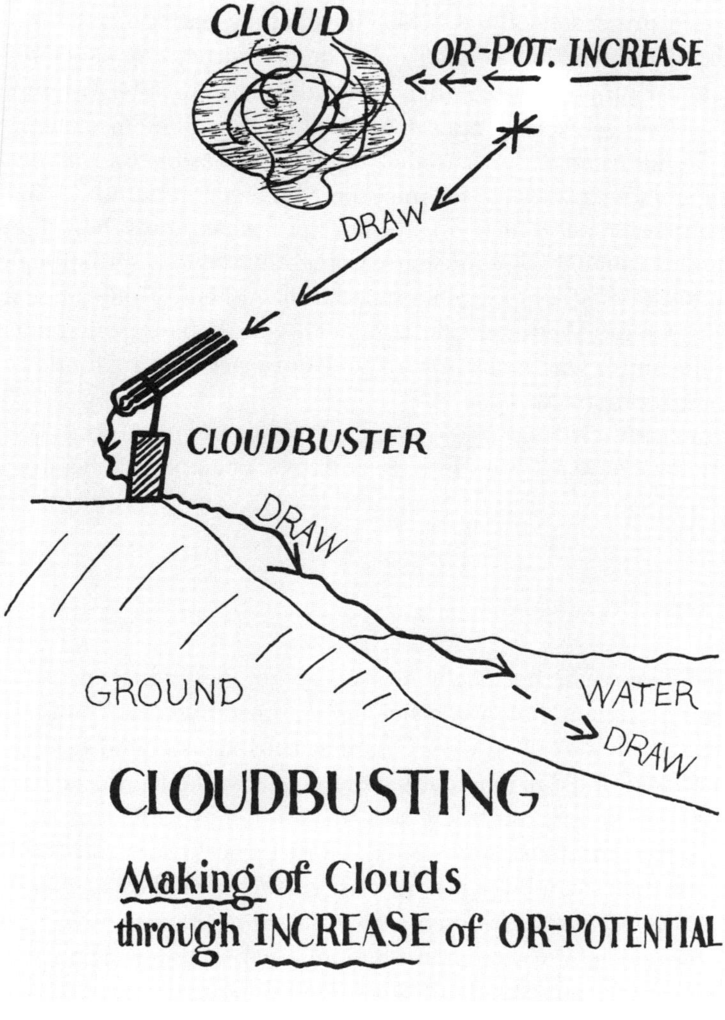

Abb. 5: Wolkenbildung fördern mit dem Cloudbuster (Cloud – Wolke / Or-Pot. Increase – Erhöhung des Or-Potentials / Draw – Ziehrichtung / Ground – Boden / Making of Clouds through Increase of Or-Potential – Wolkenbildung durch Erhöhung des Or-Potentials)

Cloudbusten immer vorsichtig vorgegangen, nachdem wir mit zweifelsfreier Gewißheit beobachtet hatten, daß kleine Sturmwirbel und plötzliche Änderungen der Windrichtung dabei auftraten. Einmal kam es auch vor, daß nach einer fehlerhaften Operation schwere, länger anhaltende Regenfälle einsetzten.

Cloudbusten als praktische Aufgabe des *Cosmic* OR *Engineering* geht weit über die technischen Möglichkeiten und Kapazitäten einer einzelnen Institution, ja selbst eines einzelnen Landes hinaus. Cloudbusten ist eigentlich eine internationale Angelegenheit, bei der nationale Grenzen keine Rolle spielen. Dort, wo das Wetter entsteht, gibt es weder Paßkontrollen noch Zollbeamte. Das ist richtig so und entspricht dem *Cosmic* OR *Engineering* (C.OR.E.).

GESETZLICHE BESTIMMUNGEN FÜR DAS CLOUDBUSTEN SIND UNVERZICHTBAR, WENN EIN CHAOS VERMIEDEN WERDEN SOLL.

C. Nebelauflösung

Nachdem wir sicher nachgewiesen hatten, daß das Prinzip des orgonomischen Potentials bei der Entfernung der krankmachenden DOR-Wolken über Orgonon zufriedenstellend funktioniert hatte und daß man damit auch Regenwolken auflösen bzw. aufbauen konnte, eröffnete sich uns ein neues Aufgabenfeld:

Es war im Spätsommer 1952; Herbst und Winter mit Nebel und Schneestürmen lagen vor uns. *Würde es möglich sein, dichten Nebel so weit aufzulösen, daß in einem begrenzten Gebiet die Sonne schien?* Wir wollen uns hier auf die Beschreibung unserer Experimente zur Nebelauflösung beschränken, die von Oktober bis Dezember 1952 in Orgonon durchgeführt wurden und noch fortgesetzt werden.

Die nachfolgenden Abbildungen zeigen den ersten Cloudbuster, gebaut 1952 von der *Southworth Machine Company* in

Abb. 5a: Cloudbuster, auf Lieferwagen montiert, mit eingefahrenen Rohren

Abb. 5b: Cloudbuster, auf Plattform montiert, mit ausgefahrenen Rohren

Portland (Maine). Zuvor war in Orgonon ein sehr viel primitiveres Gerät gebaut und eingesetzt worden.

Das »Ziehen in Spiralen« bei der Nebelauflösung

Die Aufgabe des Nebelauflösens gelingt durch sogenanntes *»Ziehen in Spiralen«*. Um dessen Funktionsprinzip zu verstehen, müssen wir auf die grundlegenden Gesetzmäßigkeiten zurückkommen, auf denen das Cloudbusten insgesamt beruht. Um es zu wiederholen:

Die OR-Energiehülle des Planeten Erde bewegt sich normalerweise *von Westen nach Osten*, in Übereinstimmung mit der Rotation der Erdkugel; sie bewegt sich aber *schneller* als die Erdoberfläche. Das bedeutet für uns: Für jede Operation, die darauf abzielt, von Westen her frisches OR heranzuholen – wie etwa bei der DOR-Beseitigung –, muß man die westöstliche Strömungsrichtung der OR-Hülle zum Operationsprinzip machen: UM FRISCHES OR HERANZUHOLEN, MUSS MAN VON WESTEN HER ZIEHEN, DAS HEISST, MAN MUSS DIE ROHRE NACH WESTEN RICHTEN auf einen Punkt knapp oberhalb des Horizonts. Es hängt natürlich vom Klima und von den Wetterverhältnissen ab, wie lange man ziehen muß, damit der betreffende Teil der OR-Hülle sich *beschleunigt* von Westen nach Osten bewegt. In der Region um Orgonon genügen in der Regel fünf bis fünfzehn Minuten, um eine DOR-Wolke in Richtung Osten zu bewegen, indem man frisches OR von Westen heranholt. Sobald die umgebenden Hügel und Täler wieder einen blaugrauen Schimmer zeigen, ist die Aufgabe erfüllt. Ein zu langes Ziehen führt mit Sicherheit zu schweren Regenfällen von Westen her und zu starken Winden, die Sturmstärke erreichen können.

Bei der Auflösung sowie beim Aufbau von Wolken bedienen wir uns des Prinzips des »orgonomischen Potentials«, nämlich vom niedrigen zum hohen Energieniveau zu strömen.

Das *Nebelauflösen* beruht auf einer Kombination dieser beiden leicht abgewandelten Prinzipien. Die Nebelauflösung würde zu Regen führen, wenn wir ausschließlich und beständig aus einer bestimmten Richtung ziehen würden. Wenn weite Bereiche nebelbedeckt sind, ist es fraglich, ob durch Ziehen aus Westen allein irgend etwas erreicht werden könnte. Unsere Technik ist folgende:

Wenn ein weites Gebiet von dichtem Nebel bedeckt ist, ist dieser gewöhnlich *gleichmäßig* verteilt. Wenn man mit nebligen Wetterverhältnissen zu tun hat, gewinnt man den Eindruck (und mehr als ein Eindruck ist es nicht), daß eben diese Gleichförmigkeit und Homogenität der Nebelbank auch der Grund für ihren Zusammenhalt und ihre Beständigkeit gegenüber Auflösung ist. Es gibt *keine Potentialdifferenzen*; es besteht ein *statischer* physikalischer Zustand. Diese Annahme wird durch die Operation gestützt:

Um Nebel oder auch Nieselregen aufzulösen, muß man etwas GEGEN DIE HOMOGENITÄT DER VERTEILUNG beziehungsweise GEGEN DAS FEHLEN EINER POTENTIALDIFFERENZ UNTERNEHMEN. MAN MUSS POTENTIALDIFFERENZEN ERZEUGEN. Erreicht wird dies durch das sogenannte »intermittierende Ziehen in Spiralen«.

Man »bohrt« gleichsam Löcher in die Nebeldecke, indem man den Cloudbuster kurz (jeweils nur für wenige Sekunden) auf verschiedene Punkte am Himmel richtet. Unsere bisherigen Erfahrungen haben gezeigt, daß das sogenannte Ziehen in Spiralen auf die nachfolgend beschriebene Weise am besten funktioniert:

1. Man bohrt ein Loch in den Zenit über dem eigenen Standort – Dauer 15 bis 45 Sekunden.

2. Man führt eine spiralförmige Bewegung *zum Horizont herunter* aus, und zwar intermittierend, das heißt mit kurzen, jeweils 2 bis 5 Sekunden dauernden Unterbrechungen auf dem spiralig gewundenen Weg vom Zenit hinab zum Horizont.

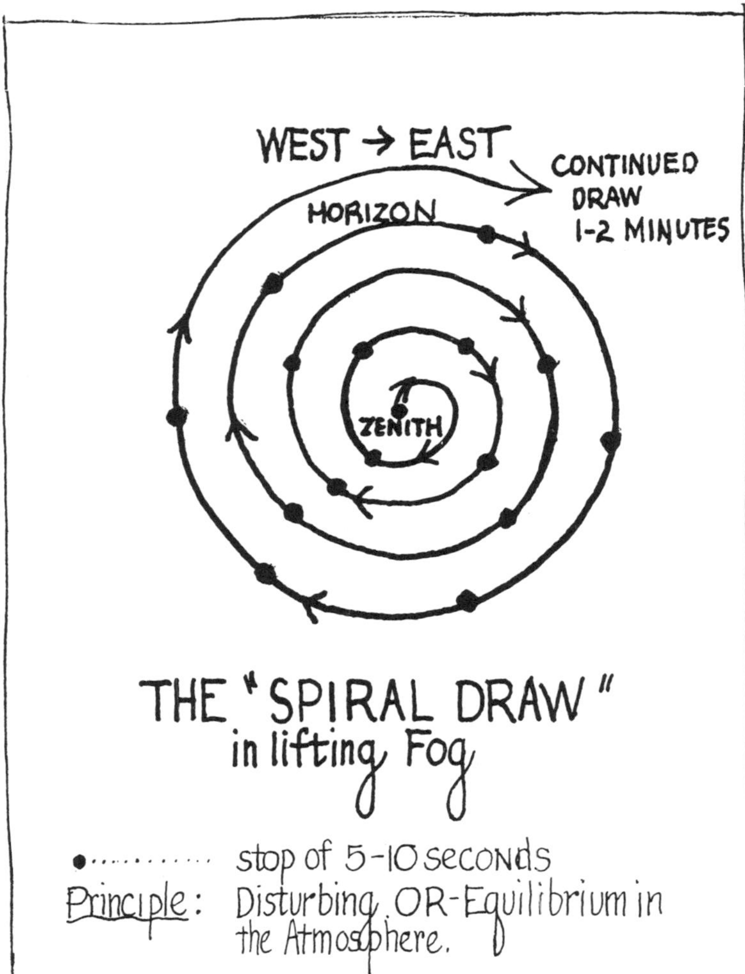

Abb. 6: Das »Ziehen in Spiralen« bei der Nebelauflösung (East – Ost / Continued Draw – anhaltendes Ziehen / Disturbing Or-Equilibrium in the Atmosphere – Störung des Or-Gleichgewichts in der Atmosphäre)

Wenn man vom Boden in Richtung Zenit blickt, sieht der Gesamtverlauf der Spirale etwa so aus:

Der Abstand zwischen den Kurven der Spirale kann beliebig gewählt werden. In den meisten Situationen dürften 4 bis 8 Spiralumläufe ausreichen.

Wenn die gesamte Spirale durchlaufen ist, muß man versuchen, in *Schüben* die westöstliche OR-Strömung der planetarischen Hülle anzuregen. Dieses Anregen der Weststoströmung sollte nicht länger als ungefähr eine halbe Minute dauern, je nach dem Grad der Unbewegtheit der OR-Atmosphäre. Ein zu kurzer Anschub würde nicht ausreichen, um die Strömung zu beschleunigen, ein zu langes Ziehen aus Westen könnte schwere Regenfälle aus östlicher Richtung oder böigen Wind auslösen.

Daher sollten die Auslösestöße für die Westoströmung im Anschluß an das Ziehen in Spiralen mit großer Sorgfalt angegangen werden und auf langer praktischer Erfahrung mit der Region, dem Wetter und ähnlichen Umständen beruhen.

Da alle OR-Operationen nicht auf mechanischen, sondern auf funktionalen Gesetzmäßigkeiten beruhen, lassen sie sich nicht in strenge Regeln fassen.

Die Gesamtdauer einer einzelnen Ziehoperation lag in Orgonon bei rund fünf Minuten. Bei starkem Nebel kann es sein, daß man eine solche Operation zwei- bis viermal oder noch öfter durchführen muß, ehe sich ein Ergebnis zeigt. Zwar kann schon beim ersten Durchgang der Nebel aufreißen und die Sonne zum Vorschein kommen, aber der Nebel kann wieder eine geschlossene Decke bilden und sich womöglich erst nach dem vierten oder fünften Einsatz des Cloudbusters endgültig verziehen.

Jeder Mensch, dessen orgonotisches Empfinden nicht gestört ist und der etwas über natürliche Wetterabläufe weiß, kann die Technik des Nebelauflösens leicht erlernen und anwenden. Es liegt freilich auf der Hand, daß Cloudbusteroperationen nicht gemäß den klassischen thermodynamischen Annahmen über die Ursachen der verschiedenen Wetterphänomene durchgeführt werden können. Hinter den Wechselwirkungen zwischen warmen und kalten Luftmassen stehen logischerweise grundlegendere, das Verhalten dieser Luftmassen steuernde *energetische* Funktionen der Orgonhülle. Die Funktionsweise des Cloudbusters beruht auf nachweislichen Prinzipien der Funktionen der OR-Hülle der Erdkugel.

Wir werden an anderer Stelle einige medizinische und generelle Regeln für den Umgang mit dem Cloudbuster vorstellen. Man darf nicht der Versuchung erliegen, mit diesem »Spielzeug« allzu sorglos zu experimentieren. Das Cloudbusten ist eine sehr ernste und höchst verantwortungsvolle Angelegenheit. Welche praktische Bedeutung das Auflösen von Nebelbänken für den Flugverkehr haben kann, liegt auf der Hand. Dasselbe gilt für die Entfernung von DOR-Wolken. Operationen sowohl der einen als auch der anderen Zielsetzung hat unser Hausmeister in Orgonon in eigener Regie, ohne meine Anwesenheit und ohne jede Hilfe, mit großem Erfolg durchgeführt. Disziplin, Vertrauen zu orgonomischen Wetterbeobachtungen und ein gut funktionierender erster orgonotischer Sinn lassen das Nebelauflösen zu einer relativ leicht durchführbaren Aufgabe werden. Das »Herumspielen« mit dem Cloudbuster, um damit seine kosmische Omnipotenz zu demonstrieren, ist nur ein Zeichen von Unverantwortlichkeit, wenn nicht gar von Ignorantentum.

IV. Projekt OROP WÜSTE

Was bisher gesagt wurde, steht in einem engen Zusammenhang mit den beiden vielleicht größten Problemen der Menschheit: mit DÜRRE und WÜSTE. Wenn man in Wäldern lebt, muß man jedes Dickicht, jeden Pfad kennen, man muß einen Baum fällen können und muß wissen, wie man sich vor Blitz und Sturm schützen kann. Sobald man jedoch in einem Düsenflugzeug zehntausend Meter über der Erdoberfläche fliegt, sieht alles plötzlich ganz anders aus. Die Wälder, die schmalen Pfade und alles übrige, so wichtig es sicherlich ist, schrumpfen aus dieser Perspektive zwar nicht zur Bedeutungslosigkeit, aber doch auf ihre eigentliche Größe. Der Perspektivwechsel des Beobachters von der *irdischen* zur *kosmischen* Warte ist zwingend notwendig, wenn man die Aufgabe von OROP WÜSTE verstehen will. Unser gesamtes Spezialwissen ordnet sich zwanglos ins Gesamtbild ein, wenn wir aus der Vogelperspektive *das Problem als Ganzes* in den Blick bekommen. Das liegt natürlich in der Natur der Aufgabe selbst, die ihren eigenen Gesetzmäßigkeiten unterliegt.

Der Problembereich Wüste ergab sich folgendermaßen aus dem Oranur-Experiment:

Im April 1952 tauchten DOR-Wolken *en masse* über Orgonon auf. Eine ausführliche Beschreibung ihrer Auswirkungen auf Vegetation und Fauna gibt Kapitel III dieses Buches. Man hatte allgemein den Eindruck, daß es sich um einen für alle Lebenserscheinungen äußerst schädlichen Prozeß handelte: Die Landschaft wirkte trostlos und tot, erholte sich allerdings schnell wieder, sobald die DOR-Wolke weggezogen oder mit dem Cloudbuster entfernt worden war. Auf die gleiche Weise gerieten Menschen in einen todesähnlichen Zustand, weil sie wie gelähmt waren, wenn sie im Observatorium für einige Stunden einschliefen; auch hier brachte frische Luft rasche Erholung. Diese Erfahrung machten ich selbst und andere öfter.

Wir möchten die Leser auf diesen Gegensatz aufmerksam machen, denn er dient dem Verständnis der technischen Probleme von OROP WÜSTE. Man kann sich an folgendem Beispiel leicht veranschaulichen, wie dieses eigenartige Phänomen funktioniert: Ein Mensch, der in einer Garage voller Kohlenmonoxid dem Ersticken nahe ist, erholt sich sofort wieder, wenn seine Lungen frische Luft bekommen.

In unserem Falle heißt das: Nichts ist bedrückender und bedrohlicher für das menschliche Leben als die Wüste, die Verwandlung einst fruchtbaren Bodens in eine staubige Hölle, der Hungertod ganzer Völker, der Niedergang blühender Kulturen durch Dürre. Unsere Versuche mit der DOR-Bekämpfung lassen jedoch den Schluß zu, daß es verhältnismäßig einfach sein wird, dem Leben wieder zu seinem Recht zu verhelfen. Die wichtigste Voraussetzung für OROP WÜSTE ist die genaue Kenntnis der an der Wüstenbildung beteiligten OR-Funktionen.

Um wieder an unseren Hauptgedanken anzuknüpfen: Uns wurde bald klar, daß wir es mit Funktionen der *Wüstenbildung* zu tun hatten. Der Kampf gegen das DOR (das nichts anderes ist als schal gewordene, stagnierende Lebensenergie) wurde daher zu einem vordringlichen Problem. Während wir dieses Problem noch erörterten, erkannten wir, daß die Wüstengebiete im Südwesten der USA ein ideales Versuchsfeld für die Überprüfung der orgonomischen Theorie der Wüstenbildung abgeben würden. Unsere grundlegenden Beobachtungen zur Trockenheit und zu dem vermuteten Einfluß der Sonne auf Strömungen und Feuchtigkeit in der Atmosphäre, ebenso die in der Atmosphäre vor sich gehenden Umschichtungen, fügen sich vollkommen in die Vogelperspektive der orgonomischen Theorie ein, wenn man bereit ist, die folgenden Modifikationen unseres Verständnisses der Wetterabläufe im allgemeinen zu akzeptieren:

Wir müssen fragen: WODURCH *wird die Atmosphäre in Bewegung versetzt?* Und: WODURCH *verändert sich das Feuchtigkeits- und Niederschlagsvolumen?* Diese Bewegungen und Veränderungen geschehen nicht von selbst. Die Gashülle der Erde und der in ihr enthaltene Wasserdampf sind keineswegs *primordiale* Naturfunktionen. *Sie müssen sich aus primordialen Energiefunktionen entwickelt haben.* Sie waren nicht seit jeher vorhanden, und es könnte sein, daß sie wieder verschwinden oder sich erneut verändern. Die Existenz von Wüsten ist dafür Beweis genug.

Unter dem Gesichtspunkt des grundlegenden Funktionsgesetzes der Natur ist die kosmische OR-Energie, die den Planeten seit den Anfängen seiner Entwicklung umhüllt, Ursache und Antriebskraft aller Bewegung. Wir müssen davon ausgehen, daß es die OR-Energie in der Atmosphäre ist, die die Entwicklung der diversen gasförmigen Bestandteile der Luft erst herbeigeführt hat. Die OR-Hülle der Erdkugel muß letzten Endes auch *für die Luftbewegungen und Feuchtigkeitsschwankungen in der Atmosphäre verantwortlich sein*, ebenso wie sie für die Bewegung des Planeten und für alle anderen Bewegungen verantwortlich ist. Aus diesem Grund nennen wir sie die KOSMISCHE URENERGIE.

Wenn die Luftströmungen in der Atmosphäre vorwiegend in westöstliche Richtung fließen, also übereinstimmend mit der Richtung der Erdrotation, ist wiederum der OR-Strom auf der äquatorialen Ebene die treibende Kraft, die für die Bewegung sowohl der Erdkugel als auch der Atmosphäre in westöstliche Richtung verantwortlich ist.

Sorgfältige Beobachtungen in unserer Region kurz vor Regenfällen zeigen eindeutig, und zwar schon bei 60- bis 100facher Vergrößerung, daß die normalerweise westöstliche Strömung der atmosphärischen OR-Energie in eine ostwestliche umschlägt, wenn der nachfolgende Regen aus Westen kommt. Sobald der Himmel wieder aufklart, setzt gewöhnlich ein sehr kräftiger Westwind ein. Dieser Wind, also der Transport von Luftmassen von West nach Ost, ist Ergebnis gleichsam eines »ZURÜCKBRANDENS«, das heißt die Rückkehr der atmosphärischen OR-Strömung zu ihrer ursprünglichen westöstlichen Richtung.

Was normalerweise als »Einfluß der Sonne« auf die Wetterentwicklung bezeichnet wird, bedarf der folgenden Modifizierung: Die Sonne übt diesen Einfluß durch diverse *Auslösemechanismen* aus, mit denen sie auf die OR-Hülle der Erdkugel einwirkt. Die Sonne wirkt nicht direkt, sondern *indirekt*, indem sie den OR-Ozean anregt oder irritiert.

Mit diesen neuen Denkmodellen im Hinterkopf können wir einen Versuch wagen, die Dynamik einer Wüstenregion wie der im Südwesten der USA zu erklären.

Das Folgende ist nicht mehr als eine Hypothese. Es ist möglicherweise eine *brauchbare* Hypothese. Ihre Gültigkeit muß in ausreichendem Maß nachgewiesen werden, und wir werden sie fallenlassen, wenn redliche Bemühung nicht zu einem solchen Nachweis führt. Der Leser möge nicht vergessen, daß wir uns hier erst mit Blaupausen beschäftigen, nicht mit fertigen Gebäuden.

Betrachten wir das in Abbildung 7 dargestellte Profil der westlichen USA sorgfältig im Hinblick auf den entlang dem Äquatorialgürtel in westöstlicher Richtung fließenden OR-Strom, der Luftmassen und Wasserdampf vom Pazifik her ostwärts transportiert.

Die beiden nahezu parallel in nordsüdlicher Richtung verlaufenden Hochgebirgsketten Sierra Nevada und Rocky Mountains

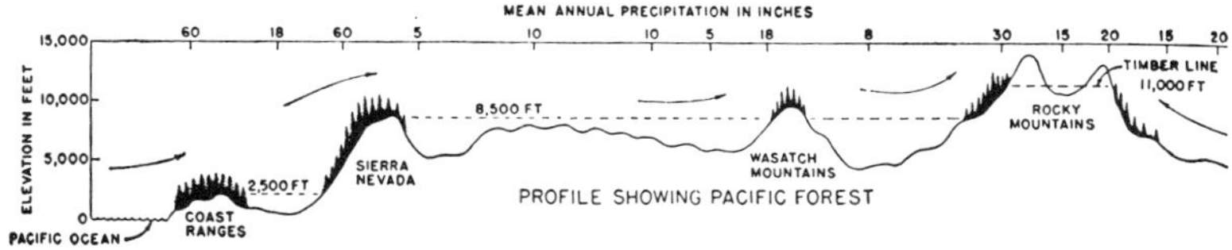

Abb. 7: Querschnitt der Gebirgsketten im Westen der USA und des Großen Beckens, Höhenangaben in Fuß, Niederschlagsmengen in Inches (aus Tannehill, Drought, mit freundlicher Genehmigung der Princeton University Press; Timber line – Baumgrenze)

müßten sich in folgender Weise auf die tieferen, Niederschlag produzierenden Schichten der OR-Hülle auswirken:

1. Der vom Pazifischen Ozean hereinkommende und feuchte Luft Richtung Osten transportierende äquatoriale OR-Strom stößt zunächst auf das fast 3000 m hohe Hindernis der Sierra Nevada. Ein Zurückfluten Richtung Westen wäre mechanisch leichter als das Weiterströmen Richtung Osten.

Wir sollten uns stets vergegenwärtigen, daß wir es hier nicht mit ungebundener, *massefreier* OR-Energie zu tun haben, sondern mit OR-Energie, die in ihren TRÄGERSUBSTANZEN* enthalten ist, in den Gasen und im Wasserdampf der Atmosphäre. Um die Gebirgskette durchdringen zu können, müßte sich die strömende OR-Energie von ihren Trägersubstanzen lösen, da nur *massefreie* OR-Energie die feste Materie des Gesteins zu durchdringen vermag. So aber bleibt die OR-Energie an ihre Trägersubstanzen gebunden. Das Zurückfluten in Richtung Westen entspricht der natürlichen Strömungsrichtung der OR-Energie, wenn Regenfälle unmittelbar bevorstehen, die von Westen – in diesem Fall vom Pazifik – kommen.

Etliche Beobachtungen lassen den Schluß zu, daß es ziemlich

* Der Begriff »Trägersubstanz« wird im Zuge unserer Ausführungen über ORIN (»Orene«) eine konkrete funktionale Bedeutung erhalten.

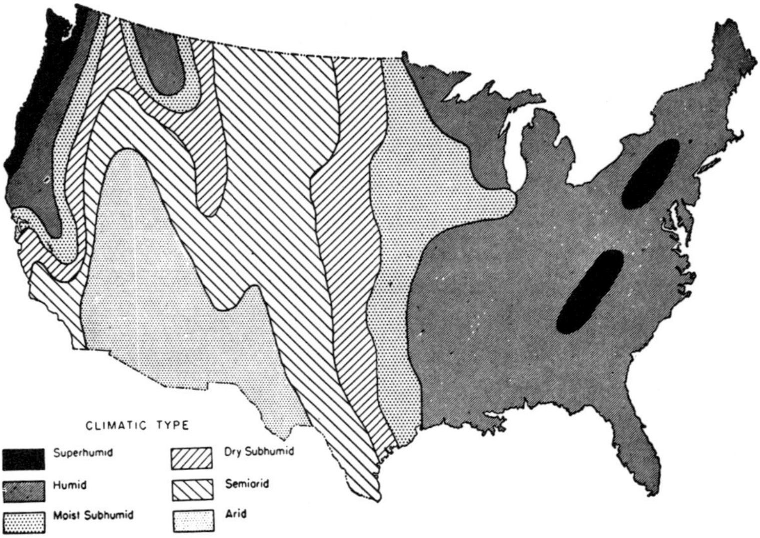

Abb. 8: Verteilung der Hauptklimazonen in den USA (aus Tannehill, Drought, mit freundlicher Genehmigung der Princeton University Press; humid, moist – feucht / dry, arid – trocken)

hoher OR-Konzentrationen bedarf, um große Feuchtigkeitsmengen anzuziehen und zu Regenwolken zu verdichten. Wir kennen die Beziehung: Je höher das durch Konzentration erreichte Potential, desto schneller das Wolkenwachstum. Ebenso gilt umgekehrt: Je niedriger die Konzentration, desto gleichmäßiger ist die OR-Energie verteilt, desto schwächer ist das OR-Potential, und desto weniger Kraft besitzt es, Wasserdampf anzuziehen und zu verdichten; dementsprechend geringer ist dann auch die Chance auf ergiebige Niederschläge.

2. Die westlichen Flanken der Sierra sind niederschlagsreich, während man beim Übergang auf ihre östliche Seite sehr plötzlich in eine Zone der Trockenheit gerät. *Die sich ostwärts an-*

schließende Wüstenregion, das Große Becken, beginnt also genau dort, wo die OR-Energie mit ihren Trägersubstanzen in ihrer Ostwärtsdrift auf das erste große Hindernis stößt.

Über eine Entfernung von rund 800 Kilometern erstreckt sich ostwärts eine Wüstenlandschaft mit wenig Regen und Vegetation. Wenn wir auf diese Situation unser Prinzip des orgonomischen Potentials anwenden, können wir erkennen, daß OR hier wieder gleichmäßiger in der Atmosphäre verteilt ist, weil kaum Feuchtigkeit als Trägersubstanz vorhanden ist. Die Verdichtung von OR-Konzentrationen und die Entwicklung von Wolken zu ausgedehnten, hochgeladenen Regenwolken ist nicht so leicht möglich. Wie meteorologische Beobachtungen zeigen, bilden sich schwere Gewitter im Bereich der hohen Berggipfel, wo feuchtigkeitsbeladenes OR über den Gebirgskamm hinwegreichen kann. Die tieferen Schichten der Atmosphäre bleiben jedoch trocken (siehe Tannehill, »Drought«, S. 63).

Die folgende Abbildung (S. 84), die Tannehills Buch über Trockenheit entnommen ist, zeigt die durchschnittlichen Niederschlagsmengen im Südwesten der USA.

3. Die östlichen Flanken der Rocky Mountains und das sich ostwärts davon erstreckende Flachland der Great Plains sind nicht nur sehr niederschlagsreich, sondern auch von außergewöhnlich vielen Überschwemmungen, Wirbelstürmen, Windhosen und anderen atmosphärischen Turbulenzen betroffen, die durchweg das Ergebnis kosmischer Energieeffekte sind.

Wenden wir uns zunächst der Situation östlich der Rocky Mountains zu und fragen wir nach dem dort herrschenden OR-Potential. Der Regen, der hier fällt, zieht nicht von Westen her über die Berge heran, erst recht nicht vom Pazifik. Diese westlichen Niederschlagswolken werden schon von der Sierra und den Trockenzonen zwischen der Sierra und den Rocky Mountains abgehalten. *Die Niederschläge östlich der Rocky Mountains stammen aus dem östlichen Teil der USA.*

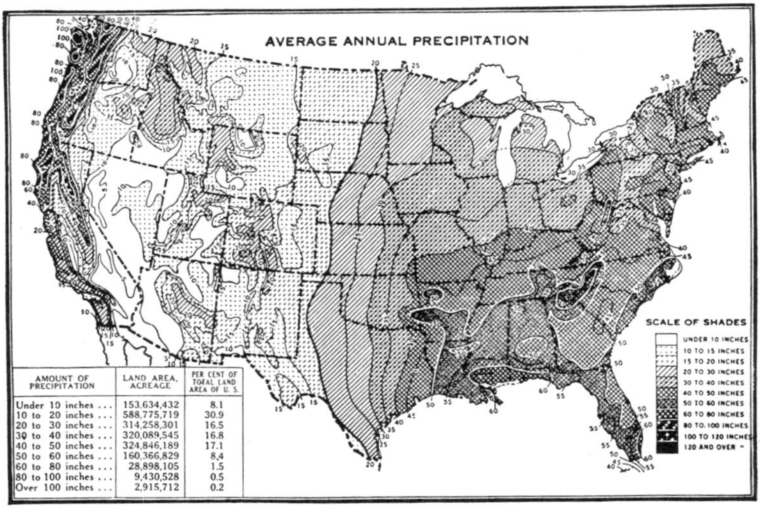

AMOUNT OF PRECIPITATION	LAND AREA, ACREAGE	PER CENT OF TOTAL LAND AREA OF U. S.
Under 10 inches ...	153,634,432	8.1
10 to 20 inches ...	588,775,719	30.9
20 to 30 inches ...	314,258,301	16.5
30 to 40 inches ...	320,089,545	16.8
40 to 50 inches ...	324,846,189	17.1
50 to 60 inches ...	160,366,829	8.4
60 to 80 inches ...	28,898,105	1.5
80 to 100 inches ...	9,430,528	0.5
Over 100 inches ...	2,915,712	0.2

Abb. 9: Mittlere jährliche Niederschlagsmengen in den USA, unter Berücksichtigung von Schneeschmelze-Messungen (US-Wetteramt, Tannehill, Drought)

Im mittleren Westen wird Regen gewöhnlich durch eine Umkehr des normalen ostwestlichen OR-Stroms in eine westöstliche Richtung verursacht. Die schematische Skizze in Abbildung 10 zeigt, daß die in Ostwestrichtung umgekehrte OR-Strömung *gleichsam von der Ostflanke der Rocky Mountains abprallt und wieder eine ostwärtige Richtung erhält.* Sie transportiert ihren großen Feuchtigkeitsgehalt zunächst westwärts, ohne über den Gebirgsriegel die Wüstenzone zu erreichen, und nimmt dann wieder Gegenkurs in Richtung Atlantik. In diesem Prozeß entsteht eine hohe Feuchtigkeitskonzentration, die den Great Plains ihren landwirtschaftlichen Reichtum – und manchmal auch Flutkatastrophen – beschert.

Zum Verständnis der dort so häufig auftretenden Tornados müssen wir noch einen weiteren Gesichtspunkt in unsere Überlegungen miteinbeziehen.

Die orgonomischen Überlegungen, die auf den vorherigen Seiten angestellt wurden, führen zu der logischen Schlußfolgerung:

WENN ES MÖGLICH WÄRE, OR UND FEUCHTIGKEIT ÜBER DIE SIERRA IN DIE WÜSTENZONE UND VON DORT ÜBER DIE ROCKY MOUNTAINS ZU LENKEN, KÖNNTE MAN DIE WÜSTENGEBIETE DER USA IN FRUCHTBARES LAND VERWANDELN.

Eine große Herausforderung! Und dazu eine, die als Test und Probelauf für weit größere Aufgaben dienen könnte wie die Fruchtbarmachung anderer Wüstengebiete in Indien, Afrika und Nahost.

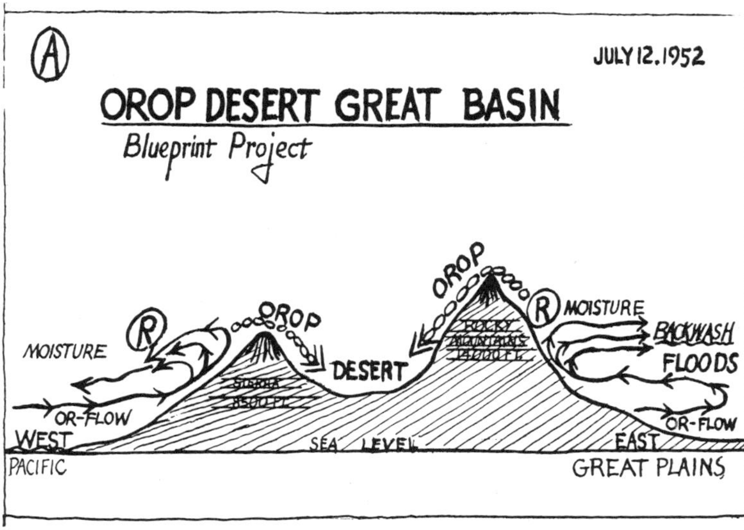

Abb. 10: Entwurf für OROP WÜSTE *im Südwesten der USA. Eine weitere Möglichkeit wäre, Feuchtigkeit vom Golf von Kalifornien her nordwärts in die Wüste zu ziehen.*
(Orop Desert Great Basin – Orop Wüste Großes Becken / Blueprint Projekt – Operationsplan / Moisture – Feuchtigkeit / Or-Flow – Or-Strom / Sea Level – Seehöhe / Desert – Wüste / East – Osten / Backwash – Rückbrandung / Floods – Überschwemmungen)

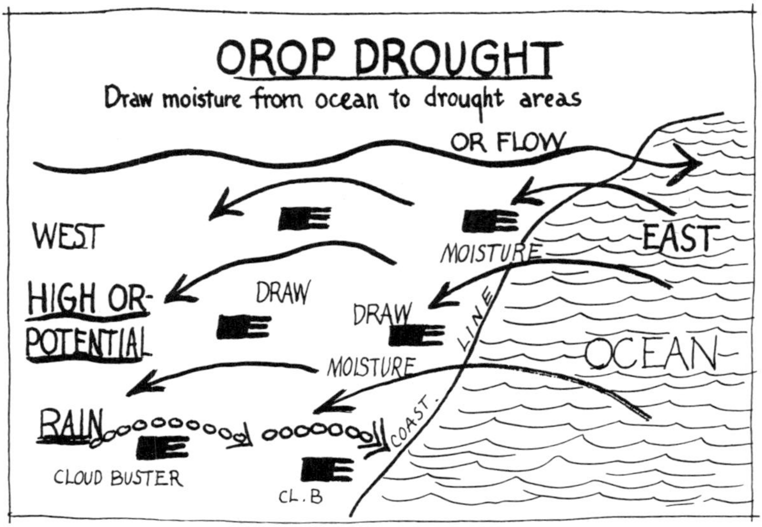

Abb. 11: Entwurf für Kampf gegen Wüste in Meeresnähe, Meer östlich (Orop Drought – Orop Dürre / Draw moisture from ocean to drought areas – Feuchtigkeit vom Meer in die Dürregebiete ziehen / Or Flow – Or-Strom / East – Ost / Moisture – Feuchtigkeit / Draw – Ziehrichtung / High Or-Potential – hohes Or-Potential / Rain – Regen / Coast Line – Küstenlinie / Cl. B. – Cloudbuster)

OROP WÜSTE wurde am 7. Juli 1952 beschlossen. Noch im Verlauf desselben Sommers wurden die ersten praktischen Schritte unternommen, noch ziemlich unausgereifte, indem wir an verschiedenen Stellen DOR aus der Gegend von Orgonon und Rangeley abzogen und dabei alle möglichen und unterschiedlichen Ergebnisse erzielten. Was wir leisteten, war gute experimentelle Arbeit, aber mit vielen törichten Fehlern. Doch diese Fehler waren – wie es bei ernsthafter Forschungstätigkeit oft passiert – die besten Wegweiser zu wirklich befriedigenden Resultaten.

Als Folge dieser ersten Experimente mit dem CLOUDBUSTER

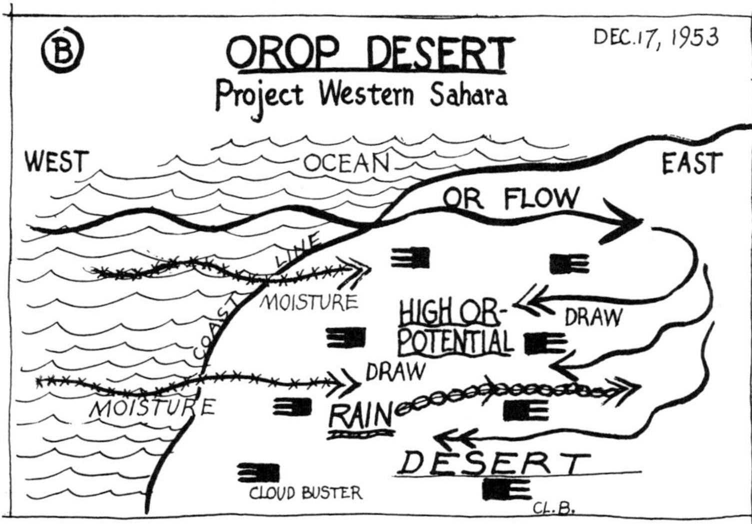

Abb. 12: Entwurf für Kampf gegen Wüste in Meeresnähe, Meer westlich (Orop Desert – Orop Wüste / Project Western Sahara – Projekt Westliche Sahara / East – Osten / Or Flow – Or-Strom / Moisture – Feuchtigkeit / High Or-Potential – hohes Or-Potential / Rain – Regen / Desert – Wüste / Cl. B. – Cloudbuster)

konnten wir schließlich *am 1. und 2. August 1952 zum ersten Mal eine vielwöchige, schwere Dürreperiode in Neuengland beenden.*

Am 11. August 1952 konnte für die Arbeitshypothese der OROP WÜSTE eine erste, noch vorläufige Bestätigung erbracht werden.

In Orgonon gab es zwei Tage lang, am 8. und 9. August, ergiebige Regenfälle, nachdem die Dürre bereits am 2. August durchbrochen worden war (siehe unten). In Eustis Ridge aber, nur 42 Kilometer weiter nördlich, hatte es überhaupt nicht geregnet. Ich erkundigte mich bei einem Landwirt, dem inzwischen verstorbenen Mr. Armstrong, ob er es für möglich hielt,

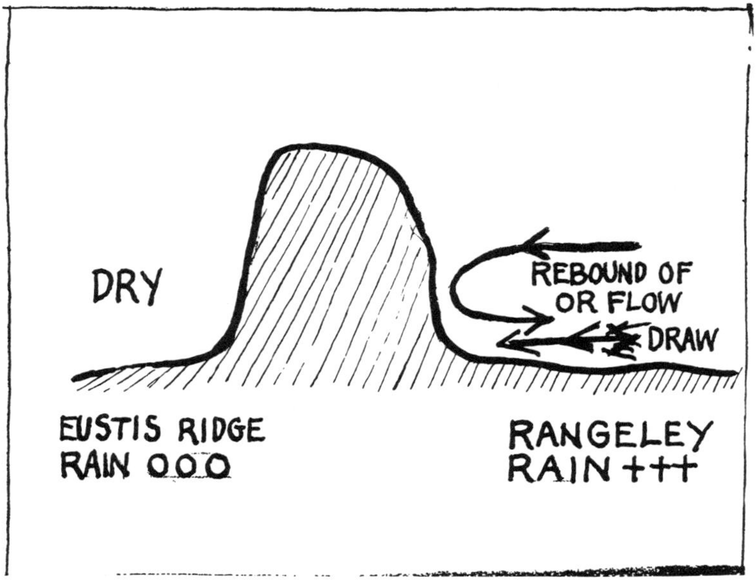

Abb. 13: Der Bigelow-Gebirgsstock trennt das Gebiet um Rangeley im Süden von der Region Eustis im Norden und behindert den Or-Strom. (Dry – trocken / Rebound of Or flow – Or-Strom prallt ab / Draw – Ziehrichtung / Rain – Regen)

daß die Hügelkette zwischen Rangeley und Stratton (Eustis Ridge) die Regenwolken aufgehalten hatte. Er bejahte dies und erklärte, das sei eine den Bauern wohlbekannte Tatsache.

V. OROP Rangeley, 1./2. August 1952

1. Das Erkennen von »Trockenheitswolken«

Der Versuch, durch planvoll herbeigeführte Veränderungen der verschiedenen Potentiale der atmosphärischen OR-Energie Dürreperioden zu beenden, zielt auf die Herbeiführung von Niederschlag in bestimmten Gebieten ab. Dies ist eine in der Tat noch sehr junge Kunst, die erst seit drei Jahren ausgeübt wird. Doch die in diesen drei Jahren (1952–1954) gesammelten Erfahrungen brachten eine Fülle neuer Fakten. Sie eröffnen uns gleichsam einen Blick aus der Vogelperspektive auf das *Cosmic* OR-*Engineering* (CORE) und einen Weg zum Verständnis einiger der grundlegenden Mechanismen von Dürre, Regenentstehung und Wüstenbildung. Das wichtigste Vehikel, um in diesem Bereich des menschlichen Lernens wie in jedem anderen voranzukommen, ist *das Erkennen der Gründe für Scheitern oder Erfolg*. Manchmal ist es schwierig, einen Studenten oder einen jungen Techniker davon zu überzeugen, daß *die eigenen Fehler die wichtigsten Wegweiser des Lernfortschritts sind.*

Die nachfolgende Erörterung soll all denen, die sich dem Studium des Cosmic Engineering widmen, helfen, sich bewußt zu werden, *was* sie tun und *weshalb* sie es tun. Nichts ist schädlicher für das Lernen und die berufliche Qualifikation, als wenn man das Cloudbusten nur deshalb betreibt, um sich im Bewußtsein der eigenen Macht über die kosmischen Kräfte zu gefallen. Gewiß, man ist in der Lage, folgenschwere Veränderungen im kosmischen OR-Ozean herbeizuführen. Das ist nicht schwieriger, als wenn man in Los Angeles in ein Mikrophon spricht und gleichzeitig in New York gehört wird. Daß dies möglich ist, beruht jedoch auf der hohen Erregbarkeit und Empfindlichkeit des kosmischen OR-Ozeans und nicht etwa auf der Großartigkeit des Sprechenden.

Das Cloudbusten birgt weit größere Gefahren als das Senden einer Funkdurchsage. Selbst bei äußerst behutsam durchgeführten Operationen muß mit Sturmwirbeln, plötzlichem und unerwartetem Wechsel der Windrichtung, starken Böen und ähnlichen Phänomenen gerechnet werden. Die CORE-Effekte allein *eines* Cloudbusters können sehr weit reichen, bis zu 500 Kilometer und weiter. Es hängt alles davon ab, daß man *weiß*, was man tut, und *warum*.

Am Anfang kommt es vor allem darauf an, nicht über die Grenze, innerhalb derer man gefahrlos operieren kann, hinauszuschießen. Jeder, der die Dynamik der OR-Energie kennt, wird eher übervorsichtig als wagemutig sein. Den unbelehrbaren Dilettanten erkennt man leicht an seiner kindischen Angeberei, mit der er das Cloudbusten »vorführt«. Die Effekte lassen sich derart leicht erzielen, daß wir uns vor dieser Versuchung von Anfang an hüten müssen.

Über die Form, den Charakter und die Funktionsweise von »Trockenheitswolken« wurden wir uns in den ersten Wochen der schweren DOR-Überflutung im April und Mai 1952 klar. Die Sache trug sich folgendermaßen zu:

Wolkenformationen, die von Westen her auf den Raum über dem OR-Energie-Observatorium zuzogen, veränderten ihre Form und Farbe. Ihre anfangs weiße oder weißgraue Farbe wechselte über Orgonon in ein schmutzig wirkendes Stahlgrau. Sie verloren auch ihr typisches Aussehen, das durch einen großen Formenreichtum charakterisiert war, und wurden statt dessen fast viereckig, gleichsam scharfkantig. Sie schienen außerdem stundenlang über dem Observatoriumsgebäude zu verharren und bewegten sich nicht ostwärts weiter. Nach mehreren Wochen sorgfältiger Beobachtung hatten wir gelernt, diese Wolken an ihrer mechanischen Kantigkeit, ihrer schmutzigen, stahlgrauen Farbe und ihrem Verharren über Orgonon zu erkennen. Anfangs verstanden wir nicht, was wohl bewirkt hatte, daß diese Wolken ihre Form veränderten. Später, als die Zeit der Gewitterstürme kam, brachte eine andere Beobachtung uns dem Verständnis dieser Vorgänge näher; endgültig verständlich wurden sie uns 1953.

Den ganzen Sommer 1952 über zog keine einzige Gewitterwolke über Orgonon hinweg. Es gab keine Gewitter oder Blitze über der Region Rangeley. Alle Gewitterfronten, die von Westen kamen, zogen auf getrennten Bahnen entweder nördlich und südlich von Orgonon, in etlichen Kilometern Abstand voneinander, vorbei oder sie lösten sich in zerzaust wirkende, auseinandergerissene Fetzen auf, in traurige Reste ehemals imposanter, schwerer, dunkelblauer Gewitterwolken. Die Menschen in Rangeley konnten dieses seltsame Phänomen den ganzen Sommer 1952 über bis in den Spätherbst beobachten. 1953 gab es nur wenige Gewitter in der Nähe von Orgonon; keines zog direkt darüber hinweg.

Die Wolken zerfielen leicht; sie schienen nicht in der Lage, ihren Zusammenhang zu bewahren (siehe Abbildung 14). Die dünnen, losgerissenen Fetzen waren, wie wir später erkannten, von der gleichen Art wie echte Trockenheitswolken. Seit dieser Zeit gelangen uns leichter Vorhersagen über den Rückgang der Niederschlagsmengen und später auch von Trockenheitsperioden. Unsere Möglichkeiten, Dürre zu prognostizieren, machte 1952 zunächst keine weiteren Fortschritte. Das war der Stand der Dinge Ende August, nachdem etliche Versuche gescheitert waren, mit dem Cloudbuster Wolken aufzubauen oder bestehende Wolken dicht mit Wasserdampf anzureichern.

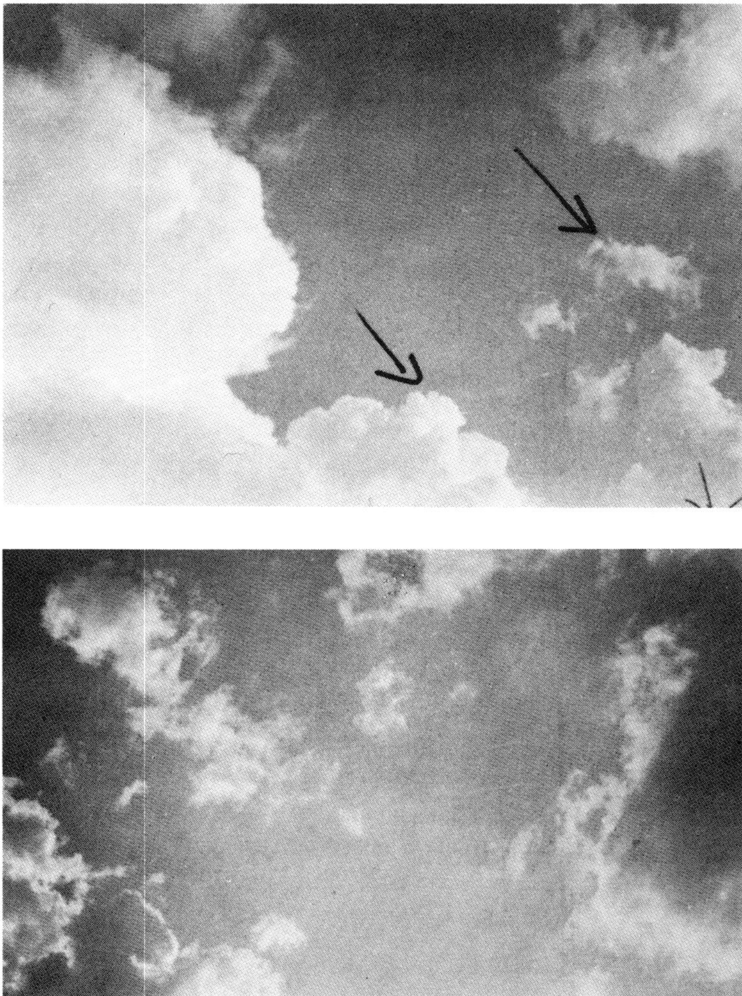

Abb. 14: Auflösung von Wolken (»Zerzausung«) in der DOR*-Zone über dem Or-Energie-Observatorium, 1952*

2. Erstes Durchbrechen einer Dürreperiode

Erst als wir *die Ursache für die Auflösung der Wolken* und ihr trockenes Aussehen verstanden hatten, wurde eine kontrollierte Regenerzeugung möglich. Die erfolgreiche Durchbrechung der schweren Dürreperiode vom Juli 1952, bewerkstelligt am 1. und 2. August, war meines Wissens die erste derartige Operation in der Geschichte der Naturwissenschaften. Was mir an diesem 1. und 2. August 1952 mit zwei Mitarbeitern, Thomas Ross und William Moise, gelang, gab mir zum ersten Mal die Gewißheit, daß ich wußte, *was* ich tat und *warum*. Wir arbeiteten mit einem unausgereiften Gerät, bestehend aus acht Kupferrohren, die, in ein stützendes Holzgerüst montiert, auf der Ladefläche eines Kleinlasters standen.

Im Zuge der »OROP RANGELEY«, die an einer Brücke südöstlich von Rangeley durchgeführt wurde, richtete ich die Rohre auf den Himmel, aber anstelle des bisherigen vorsichtigen 15- bis 30minütigen »Ziehens« volle 80 Minuten. Die Stelle, von der ich zog, lag der Richtung, in die ich den atmosphärischen OR-Strom lenken wollte, ziemlich genau entgegengesetzt. Mein Ziel war der Aufbau eines starken orgonomischen Potentials an der südöstlich von uns gelegenen Atlantikküste.

Bei dieser Gelegenheit wurde erstmals die Technik angewandt, mit den Rohren *ziehende Bewegungen zu vollführen* und dabei auch den Zenit einzubeziehen, um dort das Potential zu verringern.

Die Atmosphäre über dem Observatorium war orgonotisch höchst aktiv. Orgonphysikalisch ausgedrückt: *Die Atmosphäre war hoch erregt, so daß sich jede Akkumulation von Ladungen jeweils sofort entlud.* Das OR-Potential über dem Observatorium war sogar wesentlich höher als das der heranziehenden Wolken. *Ihre OR-Energie wurde ihnen entzogen, noch während sie sich näherten; sie konnten ihren Feuchtigkeitsgehalt nicht in großen, verdichteten Einheiten zusammenhalten.* DIE ZERSTREUENDEN,

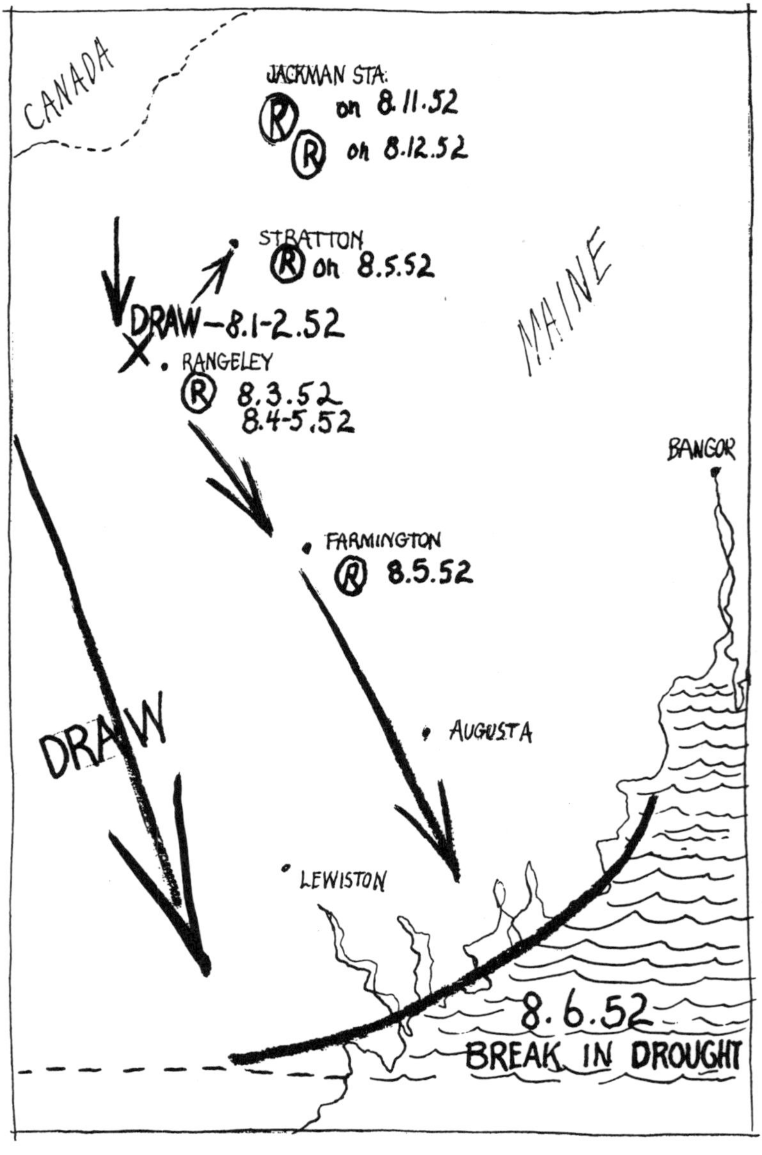
CANADA
JACKMAN STA:
R on 8.11.52
R on 8.12.52
STRATTON
R on 8.5.52
MAINE
DRAW–8.1-2.52
X
RANGELEY
R 8.3.52
8.4-5.52
BANGOR
FARMINGTON
R 8.5.52
DRAW
AUGUSTA
LEWISTON
8.6.52
BREAK IN DROUGHT

EXPANSIVEN, ENTLADENDEN FUNKTIONEN IN DER ATMOSPHÄRE WAREN WEIT STÄRKER ALS DIE KONTRAHIERENDEN, AKKUMULATIVEN UND AUF AUFLADUNG GERICHTETEN TENDENZEN. DIESES ÜBERHANDNEHMEN DER EXPANSIVEN STREUWIRKUNG DER OR-ENERGIE IST KONSTITUTIV FÜR DIE DYNAMIK VON TROCKENHEITS-WOLKEN: NIEDERSCHLÄGE WERDEN DADURCH UNMÖGLICH ODER VÖLLIG UNZUREICHEND.

Der Rückzug von OR-*Energie* aus Wolken, mit der Folge, daß die in ihnen enthaltene Feuchtigkeit sich verflüchtigt, darf nicht mit dem ähnlichen Phänomen verwechselt werden, daß in der Atmosphäre vorhandenes DOR den Wolken *Wasserdampf* entzieht, was ebenfalls eine Wolkenauflösung zur Folge hat. Das *Cloudseeding* scheint das OR in den Wolken zu immobilisieren, mit der Folge, daß Feuchtigkeit, die nicht länger in Suspension gehalten werden kann, als Niederschlag abgegeben wird.

3. Regenmachen

Offensichtlich hängt Regenmachen von der Möglichkeit ab, *die funktionalen Voraussetzungen, die Trockenheit bewirken, umzukehren.* Diese Voraussetzungen sind typisch für jede Art von Trockenheit (DOR-Wolken, zerzauste Wolken, starke Austrock-

Abb. 15: Erstes Durchbrechen der Dürre.
Kopie der Karte, die beim Kampf gegen die Dürre in Neuengland im August 1952 benutzt wurde. Am 1. und 2. August 1952 wurde in Rangeley aus NNW gezogen. Zu regnen begann es am 3. August in Rangeley; der Regen zog weiter in Richtung Farmington, das er am 5. August um 9 Uhr erreichte; zur Küste kam er am 6. August 1952. Nach Norden breitete sich der Regen weit weniger kräftig aus, da das entgegengesetzt zur Ziehrichtung war. Es dauerte drei Tage, bis der Regen Stratton erreichte, und 10 Tage, bis er im Gebiet von Jackman ankam. (Break in Drought – Durchbrechung der Dürre / Draw – Ziehrichtung / R – Regen).

nung von Luft und Boden, vorwiegend gleichmäßige OR-Verteilung und dessen expansive Tendenz). Dazu können dann noch besondere, für die jeweils von Trockenheit betroffene Gegend spezifische Faktoren treten. So ist es zum Beispiel in Meeresnähe wesentlich leichter, eine Trockenheit zu beenden, als im Inland.

Die Funktionen, die der Dürre entgegenwirken und zu Niederschlag führen, sind folgende:

1. Stärkung der kohäsiven Funktion bestehender Wolken;
2. Aufbau von Wolken bei trockenem Wetter an einem wolkenlosen Himmel;
3. Verhinderung der Auflösung neu aufgebauter Wolken;
4. Steuerung des OR-Energiestroms, so daß die Wolken wachsen und immer größere Einheiten bilden;
5. Heranziehen von Feuchtigkeit vom Meer;
6. Wiederholung der CORE-Operationen so oft wie nötig und auf eine Weise, die die Wolken zum Anwachsen zwingt, bis schließlich ihr Feuchtigkeitsgehalt ihre OR-Ladung überwiegt und sie ihren Wasserüberschuß abgeben;
7. Vorsicht walten lassen, um nicht über das Ziel hinauszuschießen und durch einen OROP-Regen eine größere Katastrophe auszulösen.

Noch viele weitere Punkte müßten angeführt werden. Zuvor ist es jedoch erforderlich, sich gründlich mit den gerade aufgelisteten Grundprinzipien vertraut zu machen. Uns waren sie Ende 1952 klargeworden; zur praktischen Anwendung kamen sie im Zuge der Operation OROP DÜRRE, die am 6. Juli 1953 in Ellsworth bei Bar Harbor (Maine) auf Einladung zweier Obstzüchter stattfand.

VI. OROP Ellsworth, 5./6. Juli 1953

Diese Operation erfolgte auf der Grundlage der wohlbekannten Tatsache, daß der atmosphärische OR-Strom im Prinzip von Westen nach Osten fließt, gleichgerichtet mit der Erddrehung, aber schneller als diese. Wenn man in einer bestimmten Gegend, in der OR vorwiegend in westöstliche Richtung strömt, Niederschlag herbeiführen will, muß man in erster Linie aus der ENTGEGENGESETZTEN Richtung ziehen, also VON OSTEN NACH WESTEN. Auf diese Weise bewirkt man eine Umkehrung des OR-Stroms. Als Folge davon bildet sich *westlich* des Gebiets, auf das der Regen niedergehen soll, eine OR-Konzentration mit höherem Potential. Verläuft die Operation erfolgreich, so verdichtet sich der Regen im Westen und wird dann früher oder später von der normalen westöstlichen Strömung der OR-Energie weitertransportiert, so daß er von Westen kommt.*

Westlich der Stelle, wo das Ziehen stattfindet, wird sich immer eine »Wetterfront« befinden. Regen kann nicht aus dem Nichts entstehen und einfach von nirgendwo herkommen. Daraus ergibt sich auch die Antwort auf folgendes Argument, das

* In anderen Regionen der Erde können wesentlich andere Bedingungen herrschen als die hier beschriebenen. Daher werden für jede Region spezifische Forschungen erforderlich sein.

gegen den Erfolg unserer Ellsworth-Operation angeführt worden ist: »Das Ergebnis von OROP ELLSWORTH muß bezweifelt werden, da von Westen her eine Wetterfront heranzog.« *Natürlich* kam die Wetterfront von Westen her, aus dem Gebiet der Großen Seen. Das war ja beabsichtigt und wurde planmäßig so herbeigeführt. Woher sonst sollte sie kommen? Folgende Tatsachen machen die positiven Ergebnisse der Ellsworth-Operation unangreifbar:

1. Die Trockenheit über Neuengland war verheerend; sie dauerte bereits mehrere Wochen an, und über weiten Teilen im Norden der USA gab es weder Regen noch Wolken. Die Wettervorhersage für den Tag von OROP ELLSWORTH lautete: *»Keine Luftfeuchtigkeit, für die nächsten drei Tage kein Regen.«* ES REGNETE rund zehn Stunden nach Abschluß der Ziehoperation am 6. Juli 1953. Die Dürreperiode war definitiv durchbrochen; nichts davon hatte das US-Wetteramt vorhergesagt. Bei der Durchbrechung der Dürre vom Juli 1953 zeigte sich genau derselbe kettenartige Ablauf – mit einer Ausbreitung über Hunderte von Kilometern – wie bei dem am 2. August 1952 von Rangeley aus erzielten Durchbruch; in beiden Fällen setzten ergiebige Niederschläge aus der Richtung ein, in die wir gezogen hatten.

2. Die Wetterfront, die am 6. Juli von Westen her auf Bar Harbor zuzog, hatten wir durch eine einstündige OROP am Tag davor, dem 5. Juli 1953, vom 260 Kilometer westlich von Ellsworth gelegenen Orgonon aus herbeigeführt; dabei hatten wir vorwiegend von Osten nach Westen und von Südosten nach Nordwesten gezogen. Am Tag vor unserer Hauptoperation in Ellsworth, dem 5. Juli 1953, hatten wir somit rund 320 Kilometer westlich von Orgonon und schätzungsweise 600 Kilometer von Ellsworth eine Konzentration und Verdichtung mit hohem Potential erreicht. Diese Wetterfront von Westen hatte der amerikanische Wetterdienst für den 5. und 6. Juli nicht vorausgesagt; er wußte nichts von der OROP in Orgonon.

3. Die folgende Karte, Abbildung 16, zeigt die Richtung des Hauptniederschlagsfeldes bei Ellsworth, dem Standort der letzten OROP, und die ungefähre Stärke der Regenfälle im Vergleich zu den umliegenden Gebieten. Die wichtigsten Aspekte sind folgende:

a. OROP ELLSWORTH dauerte 70 Minuten. Wir zogen hauptsächlich von Ost nach West sowie von Südost nach Nordwest, mit zwischenzeitlichen Schwenkungen von Süd nach Nord. Der beabsichtigte Weg, den der Regen nehmen sollte, war von Nordwest nach Südost. Die tatsächliche Richtung des Regens verlief dann auch von Nordwest nach Südost. Der starke Regen, der in der Nacht vom 6. auf den 7. Juli 1953 einsetzte, ging hauptsächlich entlang der Strecke von Bangor über Ellsworth nach Bar Harbor nieder.

b. Wie aus der Karte (Abbildung 16) hervorgeht, kam es nördlich und südlich des Hauptniederschlagsgebietes nur zu leichten Regenfällen. Dies zeigt wieder einmal, mit welcher annähernden Genauigkeit die ORANUR-WETTERBEEINFLUSSUNG gehandhabt werden kann und welche Möglichkeiten in ihr stecken.

4. Bei OROP ELLSWORTH versäumten wir es, vom Zenit zu ziehen. Dieser Fehler machte sich in der Nacht vom 6. und 7. Juli deutlich bemerkbar, als die Wolkenfront eine Lücke, die sich ziemlich genau am Zenit über uns befand, scheinbar nicht zu schließen vermochte. Hier hielt sich eine wolkenfreie Zone; zeitweilig hielten die sich bildenden Wolken nur schwer zusammen. Das änderte sich erst, als in den frühen Morgenstunden starker Regen über Hancock einsetzte, rund 35 Kilometer östlich vom Standort der OROP ELLSWORTH.

Nachfolgend ist das am 8. Juli 1953 niedergeschriebene Protokoll über OROP ELLSWORTH festgehalten:

VORBEREITENDE OPERATION: Orgonon, 5. Juli 1953, 10:45 bis 11:45 Uhr.

ZWECK: Regen in Orgonon von W her und weiter in Richtung O

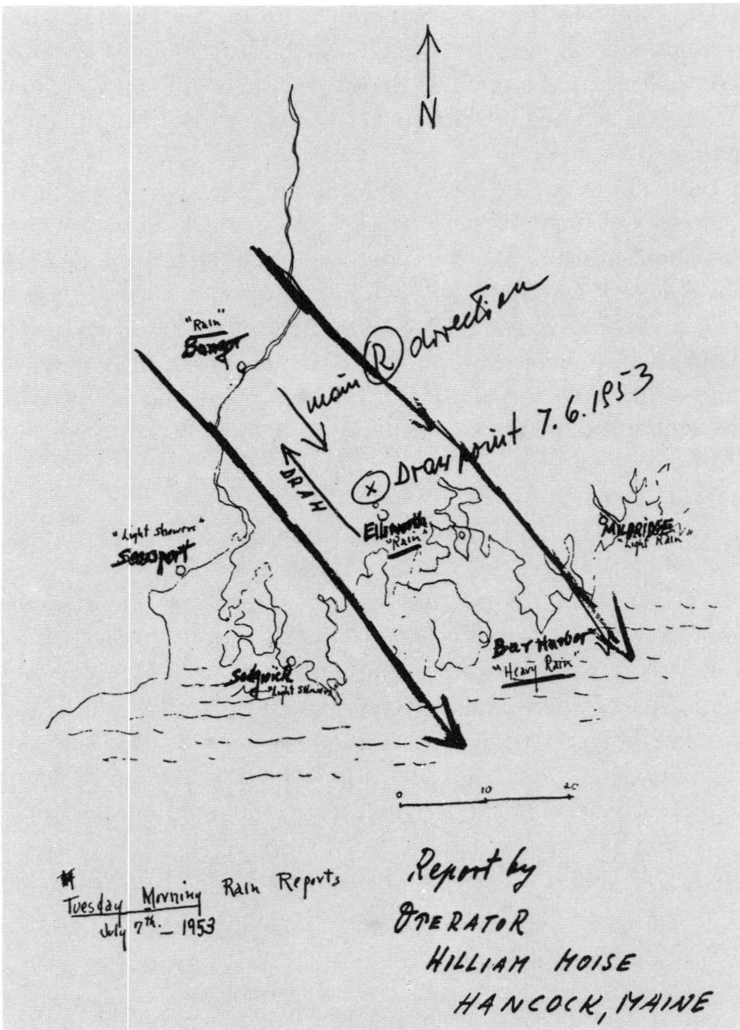

Abb. 16: Skizze, die die Zugrichtung des Niederschlags nach der OROP *Ellsworth vom 6. Juli 1953 zeigt.*
(Main (R) direction – vorherrschende Richtung des Regens / Draw – Ziehrichtung / Draw point – Standort der Ziehoperation)

bis SO. Löschen von Waldbränden, die südlich des Mt. Washington wüten.

INFORMIERT wurde Mrs. Williams, Forest District, Cupsuptic Headquarters.

ZIEHRICHTUNG: Von Ost und Südost nach West und Nordwest.

HAUPTOPERATION: Damm des Lake Graham bei Ellsworth (Maine), 6. Juli 1953, 10:45 bis 11:52 Uhr.

ZWECK: Regen im W, O und N der Operationsstelle.

AUSRÜSTUNG: Eine Einheit, zehn voll ausgefahrene Rohre, zwei Kabel ins Wasser.

ZIEHRICHTUNG: Von Osten, Norden, Süden nach Westen.

FEHLER: *Nur ein kurzes Ziehen vom Zenit* – sollte länger sein.

PROBLEM: *Der Zenit blieb später offensichtlich dürrelastig wegen dünner Lücke in der Orgonhülle am Zenit.*

ERGEBNIS: Sofortige Bildung von *»Ziehwolken«* im S und N. Winddrehung von SW auf SO während gesamter Ziehdauer mit geringfügigen Verlagerungen auf W und Windstille bis Mitternacht (in Hancock).

16:00 Uhr: Erste Kumuluswolken aufgelöst. *Konstante* OR-*Strömung von O nach W. Unerwartet breite, scharf begrenzte, niedrige Nebelwetterfront vom Meer trifft auf eine blaugraue Wetterfront von W nach O.*

Ring um die Sonne sehr breit und scharf. Nebel zieht auf breiter Front vom Meer herein.

Regen in Ellsworth um 22.00 Uhr.

02:15 Uhr (7. 7.): Starker SW-Wind, Wetterleuchten.

03:15 Uhr: In Hancock setzt andauernder Regen ein, der sich in feines Nieseln verwandelt, das um 07:00 Uhr noch anhält. Zuerst große Tropfen, dann kleine.

NACH DER RÜCKKEHR NACH ORGONON, *7. Juli 1953*

IDEE – WR: »Schon vier- bis fünfstündiger Regen durchbricht die Dürreperiode und erhöht die Wahrscheinlichkeit für weitere Niederschläge.«

AUSMASS: 09:40 Uhr: *Nebelbank erstreckt sich 40 Kilometer westlich von Hancock* (20 Kilometer östlich und 20 Kilometer westlich des Ziehpunktes.)
Zufällige Bemerkung einer Kellnerin in Bangor: Um 23:00 Uhr begann es zu regnen. Starker Regen bis Skowhegan (100 Kilometer). *Ein niederschlagsfreier Korridor durch Palmyra* – in der Mitte zwischen den beiden Ziehpunkten. Fällt zusammen mit Grenze von ORANUR. Nachfrage bei einer Autowerkstatt in Canaan: Regen setzte um 21:00 Uhr ein. Nieselregen die ganze Nacht. Nachfrage 8 Kilometer östlich von Farmington, Farmersmädchen: Regen setzte um 19:30 Uhr ein. Hielt mindestens bis zur Schlafenszeit an.
Farmington bei Rangeley: Hier hatte es stark geregnet. Radiomeldung Sender WGAN, 12:00 Uhr: 18 mm Regen vielerorts. *Kein Regen in den Kreisen York und Washington.* Sprecher sagt etwas über ein »*Tiefdrucksystem mit zwei Zentren*«.

In diesem Protokoll ist von einer *unerwarteten Nebelfront von Osten* die Rede. Zwar wurde bei OROP ELLSWORTH der OR-Strom bewußt von Osten und Südosten her gezogen, doch dachten wir dabei nur an die Richtung des OR-Stroms. Niemand machte sich Gedanken über das, was nachher tatsächlich passierte. Es war eine dieser unbeabsichtigten Entwicklungen, die einem mehr verraten als Hunderte von Kontrollexperimenten und Ad-hoc-Theorien:

Wir hatten, ohne es zu merken, nicht nur OR herbeigezogen, sondern auch ungeheure Feuchtigkeitsmengen vom Meer. Diese Feuchtigkeit begann vom Atlantik aus als Nebel landeinwärts zu fließen und hüllte die ganze Region auf breiter Front und ein paar Hundert (nicht gemessen) Fuß hoch in Nebel. Am 6. Juli gegen 16:00 Uhr fuhr ich mit meiner Tochter Eva Reich in meinem Auto in der Gegend von Hancock (Maine) in Richtung Küste. Staunend beobachteten wir, wie sich die breite und hohe Nebelfront landeinwärts wälzte. Es war klar, was dieser Nebel jetzt bedeutete und was er für die Zukunft bedeuten würde: Man konnte nach Belieben und auf kontrollierte Weise *Feuchtigkeit vom Ozean hereinsaugen*; es eröffnete sich die Möglichkeit, *Küstenstriche zum Schutz vor feindlichen Angriffen aus der Luft und von See her einzunebeln oder Wüsten fruchtbar zu machen*, indem man nach Belieben Feuchtigkeit vom Meer in Wüstengebiete hereinsaugt; auch *planmäßiges Regenmachen*, usw.

Der Nebel, der sich über das Gebiet von Bar Harbor legte, war dicht und nahm den Autofahrern die Sicht. Der Wetterdienst hatte ihn nicht vorhergesagt. Aber das darf man den Wetterleuten NICHT vorhalten, handelte es sich doch um einen experimentell erzeugten Nebel, der unter gar keinen Umständen vorhersagbar war.

Offen blieb die Frage, wie man ein solches Hereinsaugen von Nebel vom offenen Meer her regelmäßig und bestimmten Gesetzen folgend wiederholen könnte. Aber darum brauchen wir uns keine Sorgen zu machen: Ist es einmal gelungen, bedarf es keiner großen technischen Geschicklichkeit, um solche Operationen zu perfektionieren. Wir wurden von der Nebelbank überrascht, obwohl wir eigentlich durch unsere Nebelauflösungsoperationen in Orgonon im Verlauf des voraufgegangenen Winters sowohl theoretisch als auch praktisch darauf vorbereitet waren.

Nachfolgend einige Berichte über die Ellsworth-Operation:

Donnerstag, 9. Juli 1953

Hancock (Maine)

6:00 – geschlossene Wolkendecke
6:30 – Regen hat eingesetzt. Leichter, sanfter Regen
7:25 – Weiterhin sanfter Regen in Hancock. Radiosender WLBZ Bangor meldet Beginn heftigen Regens dort

7:30 – Portland – leichte Schauer
Augusta – bedeckt
Houlton – bedeckt
Caribou – bedeckt
Millinocket – bedeckt
Presque Isle – wechselnd bewölkt
8:30 – Beginn starken Regens in Hancock und Ellsworth, der bis 10 Uhr anhält
12:00 – Strahlend blau mit einzelnen großen Kumuluswolken, Wind nach wie vor aus westlicher Richtung
Dieser Regen kam aus Westen.
Kein Blitz, kein Donner, kein Rauschen im Radio.

Wettervorhersagen für Donnerstag, 9. Juli:

WABI BANGOR (George Hale): »Einzelne Schauer im Südteil von Maine, leichte Schauerneigung im nördlichen Teil.«
Bangor Daily News, Mittwoch, 8. Juli 1953:
Wechselnd bewölkt und weiterhin warm, Höchsttemperaturen um 28 Grad. Mittwoch abend und Donnerstag heiter und kaum veränderte Temperaturen.
Bangor Daily News, Donnerstag, 9. Juli 1953:
Am Donnerstag im Nordteil wechselnd bewölkt, im Südteil heiter und kaum veränderte Temperaturen. Donnerstag nacht heiter und weiterhin kühl.

Montag, 13. Juli
Hancock:
7:00 – geschlossene Wolkendecke
10:30 – Nieselregen setzt ein
12:30 – aus Nieselregen wird ein gleichmäßiger, und sanfter Regen
15:00 – sehr starker Regen setzt ein, der bis nach 16:30 Uhr anhält
17:00 – leichter Sprüh- oder Nieselregen

Niederschlagsmenge bis 17:00 Uhr beträgt 38 mm
Regen kam aus Osten.
Niederschlagsmengen:
In Massachusetts fielen durchschn. 30 mm
In New Hampshire fielen durchschn. 23 mm
Maine:
Ellsworth und Umgebung durchschn. 38 mm
New Gloucester 32 mm
York County 28 mm
Vassalboro 23 mm
Skowhegan 23 mm
Garatunk 13 mm
Das nördliche Maine hatte weniger oder gar keinen Regen.
Keine Blitze, kein Donner, kaum Rauschen im Radio.

Wettervorhersage für Montag, 13. Juli 1953:

Bangor Daily New: »Vorhersage für Maine – Montag und Montagabend wechselnd bewölkt. Kaum veränderte Temperaturen.«

Montag, 6. Juli – Regen aus östlicher Richtung.
Donnerstag, 9. Juli – Regen aus westlicher Richtung.
Montag, 13. Juli – Regen aus östlicher Richtung.

Am Morgen des 8. Juli 1953 tauchten am Himmel über Orgonon zum ersten Mal Flugzeuge der U.S. Army auf, die das atmosphärische Geschehen beobachteten. Ihre fortgesetzte Beobachtungstätigkeit in den darauffolgenden Monaten ließ darauf schließen, daß unsere experimentellen Operationen zur Wettersteuerung das Interesse der US-Regierung geweckt hatten.

Nach einem Flug über die dürregeschädigten Prärien von Texas und Oklahoma mahnte Präsident Eisenhower am 11. Juli 1953 zur Eile:

»Wir dürfen nicht zuwarten«, erklärte der Präsident laut einem Bericht der *New York Times* vom 11. Juli 1953. »Wir dürfen nicht herumdrucksen und warten, bis die letzte Kuh draußen auf der Weide verhungert und stirbt.«

»Das Herz der Bundesregierung schlägt nicht nur für Washington und New York«, versicherte der Präsident den Texanern. »Es schlägt für die Vereinigten Staaten und für jeden Mann, jede Frau und jedes Kind innerhalb ihrer Grenzen.«

Unterdessen versuchte jemand hinter den Kulissen weitere Veröffentlichungen über die erfolgreiche OROP ELLSWORTH zu hintertreiben. Schon im Verlauf der Operation vom 6. Juli selbst hatten ein paar mir unbekannte junge Leute uns durch ihr arrogantes Verhalten zu provozieren versucht. Sie wurden an Ort und Stelle zur Ordnung gerufen und später auch von der Verwaltung der Universität ermahnt. Dieser Vorfall könnte sehr wohl der Anfang zur Obstruktion unserer Operationen seitens derer gewesen sein, die durch einen Erfolg von OROP WÜSTE wirtschaftliche Nachteile für sich befürchteten. Unser Mitarbeiter in Hancock mußte schnellstens gewarnt werden, da er mit den Machenschaften der emotionalen Pest ebenso wenig rechnete wie die meisten Leute. In einem Brief vom 16. Juli warnte ich ihn vor den Maulwürfen im Untergrund. (Archiv, Dokument Nr. 10923 EP).

Das Manuskript, das wir der *Bangor Daily News* wunschgemäß zugeschickt hatten, war nicht beim Empfänger angekommen. Die Veröffentlichung von OROP ELLSWORTH war für Samstag, den 25. Juli, geplant gewesen; zu unserer Überraschung war sie bereits am Freitag, dem 24. Juli, erschienen, *einen Tag früher*. Wir zogen daraus den Schluß, daß auch hier jemand Einfluß zu nehmen versucht hatte.

Die *Bangor Daily News* veröffentlichte einen ausführlichen und wohlmeinenden Bericht über OROP ELLSWORTH. Wenig später berichteten darüber ein Bostoner Radiosender und eine israelische Zeitung in einem Resümee.

William Moise
Hancock Me. 15. Juli 1953 Mittwoch,

Dr. Wilhelm Reich
Orgone Institute, Orgonon
Rangeley, Maine

Lieber Dr. Reich:

Die Dürre in ganz Neuengland ist endgültig besiegt. In den Zeitungen wird sie als eine siebenwöchige Dürre bezeichnet. Hier ist es heute weiterhin bewölkt. Ich habe die Presseerklärung gestern morgen zusammen mit den Broschüren direkt an Mr. Ingalls geschickt, den Leiter der Landesredaktion der Bangor Daily News. Ich rechne mit einer Veröffentlichung in der morgigen Ausgabe.

Mr. Ingalls ist der Mann, der mich anrief, nachdem ich mich schriftlich bei der Bangor Daily News erkundigt hatte, weshalb die ursprüngliche Pressemitteilung nicht veröffentlicht worden war und wer für ihre Unterdrückung verantwortlich war. Mr. Ingalls erklärte, seine Zeitung habe sie nicht erhalten; er sagte ferner, seine Zeitung interessiere sich sehr für diese Neuigkeiten, und bat um die nochmalige Zusendung einer Pressemitteilung, mit weiterem Hintergrundmaterial sowie, wenn möglich, weiteren Informationen über das Verfahren selbst. Nach diesem Telefonat wandte ich mich nochmals an den Redakteur des Ellsworth American, und dieser berichtete, daß er die Pressemitteilung letzten Dienstag an die Zeitung in Bangor abgeschickt und sie direkt an den Abendredakteur der Bangor Daily News adressiert habe. An diesen werde ich gleich schreiben, um festzustellen, wer der Modju ist.

Letzten Sonntag ging ich gehörig in die Irre mit meiner Einschätzung, daß die Tendenz hier wieder zur Trockenheit neige. Am Sonntag hatten wir hier eine dünne Wolkendecke, die sich bei Sonnenuntergang vollständig auflöste, doch am Montagmorgen brachte der Umschwung von Osten starke Bewölkung mit Regen, der den ganzen Tag über anhielt. Kann es sein, wenn man den Umschwung erst einmal in Gang gebracht und durch die Ziehoperationen in Bewegung gesetzt hat, daß das Energiepotential über dem Ozean so groß ist, daß Sie es nicht nur in die Lage versetzt haben, hier zu regnen, sondern auch sich aufzubauen und Regen über ganz Neuengland zu bringen?

Heute, Mittwoch, ist es wieder stark bedeckt mit Wind aus westlicher Richtung. Gestern, Dienstag, klarte es morgens ein wenig auf, bei ziemlich kräftigem Westwind, doch nachmittags zog Bewölkung auf und brachte in der Nacht etwas Nieselregen.

Mit Gruß William Moise

VII. OROP Orgonon, 23. Juli 1953

1. Orop Orgonon ausser Kontrolle: 23. Juli 1953

Nach der erfolgreichen, theoretisch so erhellenden OROP ELLSWORTH setzten wir die Experimente zur OROP WÜSTE in Orgonon fort. Am 17. Juli, nur eine Woche nachdem wir die Dürre durchbrochen hatten, entwickelte sich in Neuengland eine neue Trokkenheitsperiode. In anderen Teilen der USA hielt die schwere Dürre unvermindert an.

In Orgonon standen wir vor einem ernsten Dilemma: Wir hatten nur die Wahl, entweder keinerlei Maßnahmen gegen die Trockenheit zu ergreifen oder aber das Risiko in Kauf zu nehmen, eine Reihe von Operationen durchzuführen, die zugleich experimentell, mit ungewissem Ausgang und gefährlich für die Allgemeinheit sein würden, die aber auch für eine mögliche Beendigung der Dürre sorgen könnten. Verschärft wurde das Dilemma dadurch, daß Ende Juli eine Dürre-Operation im Staat New York außer Kontrolle geriet. Allerdings konnten wir aus diesen Fehlern und über ein außer Kontrolle geratenes Unwetter eine Menge lernen. Was sich im einzelnen in der zweiten Julihälfte 1953 zutrug, fassen wir hier zusammen:

Einer vom Radiosender Boston, der unter dem Namen »Weatherbee« für den Sender WBZ die Wetterberichte machte, besuchte am 7. August 1953 Orgonon. Schon vor seinem Besuch, das heißt nachdem in der *Bangor Daily News* die Reportage über OROP ELLSWORTH erschienen war, hatte er mit Orgonon Kontakt aufgenommen. »Weatherbee« hatte in einer seiner Radiosendungen die Operation in Orgonon erwähnt. In der Folge hatte er von Zeit zu Zeit sozusagen »um Regen gebeten«. Damit konnte er nur Orgonon meinen, da unseres Wissens niemand anderes der Adressat einer solchen Bitte sein konnte, es sei denn der Orgon-Energie-Ozean selbst.

Am Dienstag, dem 14. Juli 1953, »bat« Boston um »mehr Regen«. Es sei »noch nicht genug Regen gefallen«, Neuengland brauche noch mehr. Ich nahm mir vor, am nächsten Tag nach Regen zu ziehen, und zwar in Richtung Süden und Südwesten, also in Richtung Boston und New York. Mein Interesse galt der Frage, ob es möglich sein würde, mit einem wohlbedachten Verfahren Regen von Orgonon aus zu 400 bis 800 Kilometer entfernten Orten zu dirigieren. Deshalb griff ich die von dem Bostoner Radiosender ausgestrahlte Anregung auf. Am 15. Juli zog ich zwischen 18 und 19 Uhr nach Regen Richtung Nordwest nach Südost. Aber es folgte kein Regen. Der Himmel über Orgonon blieb genauso trocken wie an der Küste bei Bar Harbor. Ich verstand nicht, warum es mir nicht gelang. Ich wußte aber, DASS ich es nicht geschafft *hatte*, was ebenfalls eine wesentliche Erkenntnis war.

Am 17. Juli zog ich noch einmal Richtung Süden und Westen, am 18. Juli, einem Samstag, zweimal Richtung Südwesten und Westen, das heißt mit Ausrichtung auf den Staat New York. An diesem Tag gelang es mir, daß sich an einem vorher wolkenlosen, trockenen Himmel Wolken aufbauten. Selbst kleinere Wolken wuchsen zu großen Formationen, wenn ich auf die *nähere* Umgebung bereits existierender Wolken zielte. Nach ein paar Stunden verloren die Wolken jedoch wieder ihren Zusammenhalt, obwohl ich zunächst 1 Stunde und 50 Minuten und dann noch einmal 45 Minuten gezogen hatte. Sie lösten sich immer wieder auf, und von neuem zeigte sich über Orgonon ein trokkener Himmel. Vier Fehlschläge nacheinander... Ich wartete auf die weiteren Entwicklungen und verzichtete zunächst auf jede weitere OROP DÜRRE.

Am Sonntag, dem 19. Juli, gegen 10 Uhr vormittags, zeigte sich im Westen ein dichter Dunststreifen. Zwischen 8 und 11 Uhr bauten sich im Westen und Südwesten allmählich Wolken auf. Im Westen waren in weiter Entfernung Donner zu hören und Wetterleuchten zu sehen, aber an diesem Tag gelangte kein Regen bis Orgonon und entwickelte sich auch hier nicht. Dafür kam er am Montag, dem 20. Juli, um 14 Uhr. Es regnete die Nacht über bis zum 21. Juli, und der Regen brachte uns eine wohltuende Befreiung von DOR und Dürre.

Ein Umstand bereitete mir große Sorgen:

Wenn man auf der Suche nach Regen von Westen oder Nordwesten zieht, wird der OR-Strom normalerweise umgekehrt von der östlichen in eine westliche Richtung; dies entspricht der theoretischen Erwartung. Dieses Mal jedoch, nachdem vier OROPs keinen Regen gebracht hatten, hielt die ostwestliche Strömung tagelang an; das konnte man an der Windrichtung und auch durchs Fernrohr sehen. In Orgonon blieb es den ganzen Dienstag, den 21. Juli, trotz starken Regens bei der Ostweströmung, desgleichen am Mittwoch, dem 22. Juli. Dies war, wie sich später herausstellte, das sichere *Anzeichen für das schwere Unwetter, das sich am 22. und 23. Juli über dem Gebiet von New York entlud.* Ich schrieb einen Vermerk in mein Logbuch: »ANGST VOR ZURÜCKBRANDEN AUS WESTEN.« Wie sich der Leser vielleicht erinnert, ist *»Zurückbranden«* der

Abb. 17: Rückbrandung
(Backwash – Rückbrandung / Reversed, Normal Flow – umgekehrte, normale Strömungsrichtung)

Fachausdruck für die Rückkehr der OR-Energie zur Westostrichtung nach einer längeren Periode der Strömungsumkehr in ostwestliche Richtung (siehe Abbildung 17).

Am 23. und 24. Juli entluden sich schwere Unwetter über dem Großraum New York; innerhalb weniger Stunden fielen 86 mm Regen. Damit war die zweimonatige Dürreperiode in New York beendet, wie die *New York Times* und die *Bangor Daily News* am 24. Juli 1953 meldeten; letztere berichtete am gleichen Tag über die gelungene Durchbrechung der Dürre im Gebiet von Bar Harbor am 6. Juli. Nachfolgend der ausführliche Beitrag aus der *New York Times*:

REGEN BEHINDERT AUTOS UND BLOCKIERT U-BAHN
von John G. Rogers

Die zweimonatige Trockenheit in New York endete gestern mit 87 mm Regen, von denen 86 mm innerhalb von 7 Stunden und 40 Minuten niedergingen; um 12:50 Uhr war der heftige Dauerregen zu Ende. Der Rest entfiel auf Nieselregen am Nachmittag.
Feldfrüchte und Rasenflächen im gesamten Großraum der Stadt blieben unversehrt, zumindest vorläufig, doch setzten die Fluten tausende Keller unter Wasser, legten hunderte Autos lahm, blockierten den U-Bahn-Verkehr; ein Mann ertrank in zwei Fuß tiefem Wasser auf dem Dach eines fünfstöckigen Gebäudes.
Der Tag war der niederschlagreichste 23. Juli seit Beginn der amtlichen Wetteraufzeichnungen, und der Wolkenbruch war der schwerste seit dem 26. August 1947; damals fielen 94 mm.

»Millionen-Dollar-Regen«
Für die Landwirte war es ein – wie sie sagten – »Millionen-Dollar-Regen«, der den drohenden totalen Ernteausfall bei Mais, Tomaten, Bohnen und Kartoffeln abwendete. Die Einwohner der Stadt allerdings, darunter rund tausend Menschen, die zwei steckengebliebene Vorortzüge südlich der 110. Straße über Notstege verlassen mußten, fanden andere Bezeichnungen dafür.
Das Wetteramt sagte für den heutigen Tag schönes Wetter mit

Höchsttemperaturen um 28 Grad voraus, und für morgen »geringfügig höhere, aber für die Jahreszeit angenehme Temperaturen«. Dann folgte noch der warnende Hinweis: *»Gute Dinge halten nicht ewig; bis Sonntag müssen wir mit weiter steigenden Temperaturen rechnen, und danach wird uns wieder die Hitze einholen, mit der wir zu dieser Jahreszeit rechnen müssen.«*

Norwalk in Connecticut meldete gestern die stärksten Niederschläge im Osten – insgesamt 132 mm zwischen 8:30 und 14:00 Uhr. Flüsse und Bäche überschwemmten Hunderte von Hektar im Umkreis der Stadt, und in den Kellern von Wohnhäusern, Läden und Fabriken *stand das Wasser bis zu 1,50 Meter hoch, was beträchtliche Schäden anrichtete.**

Man kann natürlich darüber streiten, ob dieses Gewitter tatsächlich Folge des am 17. Juli begonnenen und zunächst ergebnislos gebliebenen Cloudbustereinsatzes in Orgonon war. Solche Fragen lassen sich aber nicht aufgrund einer einzelnen Erfahrung beantworten, da in diesen Dingen der Zufall immer eine Rolle spielen kann. Zusammenhänge werden jedoch deutlicher und sicherer, wenn sie sich auf typische Weise wiederholen und in ihrem Ablauf Muster zeigen, die steuerbar sind. Im folgenden müssen wir uns dies immer vor Augen halten.

Bericht des Mitarbeiters in Hancock (Maine) über mangelhafte OROP ORGONON, 17.–20. Juli 1953:

Am Sonntag beobachteten wir Wetterveränderungen, die uns zu der Vermutung veranlaßten, daß Sie gezogen hatten. Gegen 15 Uhr kam starker Ostwind auf. Im Westen zeigten sich gegen 18 Uhr Wolkenformationen, die am Abend in eine stetig wachsende Wolkenbank im Westen übergingen.

Hier ist kein Regen niedergegangen. Ein schwaches Nieseln am Montag und noch einmal am Montagabend (in Form eines Nieselnebels).

Montag: Heftige, von kurzen schweren Regenfällen begleitete hochgeladene Gewitter in ganz Neuengland. Starker Regen in Vermont,

* [kursiv hervorgehoben von mir – W. R.]

bis zu 25 mm. Rutland (Vermont): *»Der Regen durchbrach die zweimonatige Dürre.«*
Wetteramt Portland: »Ein starkes Gewitter in Augusta. Leichte Schauer im übrigen Staatsgebiet, dichter Nebel an der Küste.«
Dienstag: *Dienstagabend, Gewitter und heftiger Regen in Bangor. In der Nacht leichte Schauer in Ellsworth. Kein Regen in Hancock; starke Bewölkung.*
Mittwoch: Wolkenloser Himmel um 8:00 Uhr. Frisch, blau. *Große Wolkenformationen im Westen um 12 Uhr mittags.* Um 16:00 Uhr bedeckt, sieht nach Regen aus. (DIE WETTERPROGNOSE FÜR MITTWOCH HIESS »SCHÖN«.)

OROP ORGONON vom 17. bis 22. Juli 1953 schien für die heftigen Unwetter im Gebiet von New York *indirekt* verantwortlich zu sein, weil sie in Orgonon eben nicht, wie sonst nach einer einstündigen Ziehoperation üblich, innerhalb weniger Stunden Regen gebracht hatte. Sie hatte statt dessen zu einer *dauerhaften* Strömung von Orgon plus Feuchtigkeit landeinwärts in Richtung West und Südwest geführt, bis sich das Gewitter über New York entlud. Die anfängliche Ergebnislosigkeit der mehrfach wiederholten OROP in Orgonon und der nachfolgende Wolkenbruch in New York bescherten uns jedoch, abgesehen vom Ende einer zweimonatigen Dürreperiode, eine Erkenntnis von unschätzbarem Wert:

OROP *kann in einem bis zu 1000 Kilometer entfernten Gebiet Wetterveränderungen herbeiführen.*

Das Problem, wie solche *»Fern-Orops«* im Hinblick auf die erwünschte Menge und Richtung des Niederschlags gesteuert werden können, blieb noch zu lösen.

In diesem Stadium gibt es für den Forscher zwangsläufig zwei Grundprobleme des Cosmic Engineering:

1. Es scheint festzustehen, daß OROP WÜSTE auch auf große Entfernungen wirksam ist. Das liegt daran, daß der OR-Ozean ein sehr empfindliches, leicht erregbares Energie-Kontinuum darstellt. *Aber wie soll man es anstellen, eine OROP auf ein ein-*

zelnes, entferntes, abgegrenztes Objekt, eine Stadt oder ein Gebiet, zu konzentrieren?

2. Könnten die wichtigsten Bahnen der kosmischen Energie, der *äquatoriale* und der *galaktische* OR-Energiestrom, deren theoretische Grundlagen in »DIE KOSMISCHE ÜBERLAGERUNG« ausgearbeitet wurden, in gesteuerten Operationen technisch genutzt werden? Sind diese wichtigsten OR-Energieströme *real* und *nutzbar*?

Zeitraubend waren diese Fragestellungen in der Tat, aber sie waren durchaus experimentell zu beantworten. Für beide Fragen wurden im weiteren Verlauf des Herbstes 1953 zumindest ansatzweise Antworten gefunden.

Um denen, die sich ernsthaft für OROP WÜSTE interessieren, die Antworten auf diese Fragen verständlich zu machen, müssen zunächst noch detailliertere Angaben gemacht werden über die sich in den USA von Juli bis Oktober 1953 fortsetzende Trockenheit.

2. Unbekannte Freunde waren zum Nutzen von Orop Wüste aktiv

Am 27. Juli um 10:30 Uhr näherte sich Orgonon ein schweres Gewitter von Westen her. Als Vorübung für die schwierigere Aufgabe der experimentellen Wirbelsturmbeeinflussung richteten wir zum ersten Mal den Cloudbuster auf die Wolkentürme im Westen; das Gerät war besonders stark geerdet. Wir mußten nur wenige Minuten ziehen und hatten ein zufriedenstellendes Ergebnis: Die hohen Gewitterwolken im Westen lösten sich auf, brauten sich zweimal wieder zusammen und wurden jedesmal wieder durch kurze, 30 bis 60 Sekunden dauernde Zieheoperationen aufgelöst.

Der so wolkenfrei gemachte Himmel blieb über Orgonon eine Stunde lang vollkommen klar. Rings um Orgonon hingegen brauten sich die tiefdunklen Wolken um 12 Uhr mittags immer dichter zusammen.

Nach dem 31. Juli hatten wir für OROP WÜSTE etwas weniger Interesse; ein neuer Zweig der CORE-Forschung tat sich Ende Juli 1953 auf, nämlich der Versuch, die PRÄATOMARE CHEMIE DES ORANUR zu erkunden. Das nachlassende Interesse war zumindest teilweise auch eine Folge des Schweigens, mit dem unsere OR-Operationen von allen Seiten bedacht wurden. Es war freilich ein sozusagen sehr hörbares Schweigen.

Im Juni 1953 tauchte in Orgonon ein Steuerprüfer aus Augusta (Maine) auf. Er war ein sehr freundlicher und offener Mann, der sich in den Naturwissenschaften sehr gut auszukennen schien. Wir führten ein angenehmes Gespräch mit ihm, weniger über Steuern als vielmehr über die Wissenschaft. Wir zeigten ihm die Schäden, die die DOR-Wolken in Orgonon angerichtet hatten.
Von Zeugen des Geschehens erfuhr er Einzelheiten über den dramatischen Notstand, über die Evakuierung der Gebäude in Orgonon und die Gründe, warum die Arbeit im Labortrakt nicht mehr möglich war. Irgendwie schien er sich jedoch mehr für die Auflösung von Wolken zu interessieren als für unsere DOR-Überflutung oder für Steuererleichterungen. Später wurden uns auch keine Steuerermäßigungen gewährt. Aber der Steuerprüfer ließ sich mehrere Veröffentlichungen mitgeben und schien beim Abschied hochzufrieden über das, was er gesehen und gehört hatte.

Im zeitigen Frühjahr hatte ich einmal die Gegend um Bar Harbor besucht, wo meine Tochter Eva lebt und als Ärztin praktiziert. Im Haus der Trust Bank in Bar Harbor hatte ich um Rat hinsichtlich meines Testaments nachgesucht. Ich hatte es mit einem sehr netten Bankangestellten zu tun, dem ich mein Testament und einige Dokumente übergab, die mit der Umwandlung der Wilhelm Reich Foundation in den Infant Trust Fund zu tun hatten.

Nur wenig später traf seitens der Blaubeerzüchter das Ersuchen um OROP ELLSWORTH ein. Ich hatte den Eindruck, daß es sich um eine »bestellte« OROP handelte, ein öffentlicher Test sozusagen. Rätselhaft blieb freilich, wie es den Initiatoren der OROP ELLSWORTH gelungen war, unseren Mitarbeiter in Hancock dazu zu bringen, daß er den Beerenzüchtern die Hilfe des Orgon-Instituts anbot.

In Rangeley tauchten geologische Feldforscher auf, um die großflächige Zersetzung von Granitgestein in unserer Umgebung zu untersuchen.

Ein Sendeturm für den Funkverkehr war im Dezember 1952 neben dem Observatorium errichtet worden, und jetzt besuchten RCA-Teams das Gebiet von Rangeley aus einem Grunde, der mir nicht ganz unbekannt war.

Radio Boston hatte das Orgon-Institut und dessen Erfolge bei der Wetterkontrolle erwähnt.

Auch die Zeitungen hatten offen und aufgeschlossen – meines Erachtens zum ersten Mal seit einem Jahrzehnt – über die orgonomische Forschung berichtet: kein Naserümpfen, keine Unterstellungen, keine der »üblichen« Gemeinheiten, die die Orgonomie sich so lange hatte gefallen lassen müssen – eigentlich schon seit 1936, als in Norwegen zum ersten Mal Bione unter dem Mikroskop beobachtet worden waren.

Ich hatte das Gefühl, von einer Gruppe guter Freunde umgeben zu sein, die sich noch nicht zu erkennen gaben, weil die Orgonomie von gewissen Leuten als eine Art »Teufelsplan« zur Zerstörung der Welt dargestellt worden war. Nun hatten wir also mit unbekannten guten Freunden zu tun. Ich war darüber hoch erfreut.

Ich wagte nicht, es meinen Mitarbeitern zu erzählen. Sie hätten alles für WRs gewohnten illusionären Optimismus gehalten. Ich war jedoch überzeugt, daß ich recht hatte. Es schien, als habe schließlich OROP WÜSTE, die ich der US-Regierung im August 1952 angezeigt hatte, während mein Antrag auf einen amerikanischen Paß lief, nicht nur der Dürre ein Ende gesetzt, sondern auch der Verschwörung des Schweigens und Verleumdens, die meine Arbeit zu vernichten drohte. Mein Glaube daran ist seither nicht erschüttert worden. Im Gegenteil, er hat sich noch gefestigt.

VIII. OROP Kinderparade, 8./9. August 1953

Es war wirklich eine große Freude, einen Beitrag zum Gelingen von »Doc« Grants »Kinderparade« am 9. August 1953 leisten zu können, indem wir dafür sorgten, daß es an diesem Tag in Rangeley und Umgebung nicht regnete. Die Aufgabe, Regen *zu verhindern*, war neu, eine Herausforderung an die noch junge Wissenschaft des Cosmic OR Engineering.

Mr. Grant aus Rangeley, der Initiator der »Kinderparade«, hatte mir ein paar Tage zuvor dafür gedankt, daß ich am 4. Juli 1953 für schönes Wetter über Rangeley gesorgt hatte. Er hatte auch einen Ausschnitt aus der *Bangor Daily News* über den erfolgreichen Verlauf der OROP ELLSWORTH gelesen.

Ich erklärte gegenüber Mr. Grant telefonisch folgendes und bestätigte das auch schriftlich:

1. Der Versuch, am Sonntag, dem 9. August 1953, Regen zu verhindern, sollte lediglich als ein weiteres Experiment in Sachen Wetterbeeinflussung betrachtet werden, nicht als eine Verpflichtung.

2. Alle mystischen Erwartungen wären bedenklich und sollten unterbleiben.

3. Es würde der erste Versuch überhaupt sein, Regen zu einer bestimmten Zeit in einem bestimmten Gebiet zu verhindern.

4. Orgonon will versuchen, daß der Sonntag, 9. August 1953, niederschlagsfrei bleibt.

5. Zu Regenfällen wird es nach der Parade kommen, wenn möglich erst in der Nacht von Sonntag auf Montag.

Am Tag vor der Kinderparade sah das Wetter keineswegs vielversprechend aus. Der Wind frischte aus Osten auf, in unserer Gegend ein sicheres Anzeichen für aufkommende Niederschläge. Auch die Wolken sahen nach Regen aus. Uns war anfänglich nicht ganz klar, wie wir der Niederschlagsneigung entgegenwirken konnten. Ein naheliegender Gedanke war, es mit *Ziehen von Westen her* zu versuchen. Damit konnte womöglich die ostwestliche Strömungsrichtung umgekehrt werden. Des weiteren erschien es sinnvoll, den Zenit über unserem Gebiet durch kurze, ein- bis zweiminütige Ziehoperationen zu »klären«, wie wir es im voraufgegangenen Winter zur Nebelauflösung getan hatten.

Längeres Ziehen mußten wir vermeiden, da mehr als 4 oder 5 Minuten mit Sicherheit starke Regenfälle verursacht hätte, wie wir aus Erfahrung wußten. Die Haupt-OROP zur »Klärung« des Himmels über Orgonon sollte am Sonntagmorgen stattfinden, also am Tag der Parade.

Um 7:30 Uhr am Sonntagmorgen sah der Himmel über Orgonon düster aus, es war stark bewölkt. Ich begann den Himmel zu »klären«. Um 10:30 Uhr war es über Orgonon noch bedeckt. Um 11:45 Uhr jedoch war keine Wolke mehr am Himmel, und die Sonne schien.

[»Doc« Grant's Restaurant]

3. August 1953

Lieber Dr. Reich:

Bitte verzeihen Sie, daß ich Ihren Brief nicht früher beantwortet habe; ich hatte jedoch sehr viel zu tun, war auch noch krank und hatte ihn verlegt.

Ich weiß es zu schätzen, daß wir am 4. Juli das ganze Wochenende über schönes Wetter hatten, und das läßt mich hoffen, daß wir es das kommende Wochenende ebenso schön haben werden. Ich habe den Bericht der Bangor Daily News über die gute Arbeit gelesen, die Sie für die Blaubeerzüchter geleistet haben, und mich darüber gefreut. Es war nicht meine Zeitung, aber ich

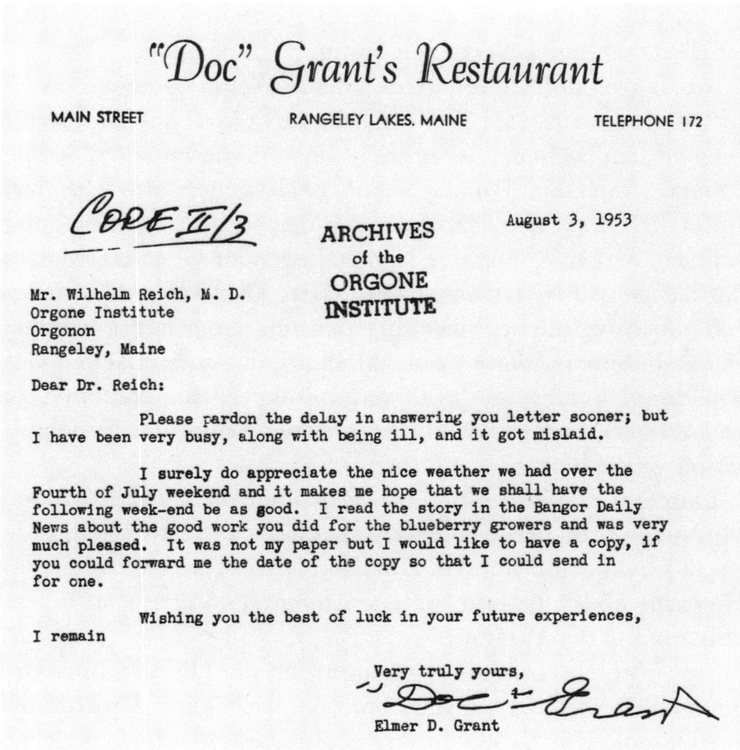

"Doc" Grant's Restaurant

MAIN STREET RANGELEY LAKES, MAINE TELEPHONE 172

CORE II/3

ARCHIVES of the ORGONE INSTITUTE

August 3, 1953

Mr. Wilhelm Reich, M. D.
Orgone Institute
Orgonon
Rangeley, Maine

Dear Dr. Reich:

Please pardon the delay in answering you letter sooner; but I have been very busy, along with being ill, and it got mislaid.

I surely do appreciate the nice weather we had over the Fourth of July weekend and it makes me hope that we shall have the following week-end be as good. I read the story in the Bangor Daily News about the good work you did for the blueberry growers and was very much pleased. It was not my paper but I would like to have a copy, if you could forward me the date of the copy so that I could send in for one.

Wishing you the best of luck in your future experiences, I remain

Very truly yours,

"Doc" Grant

Elmer D. Grant

hätte gerne ein Exemplar, wenn Sie mir das Datum der Ausgabe mitteilen könnten, so daß ich eines bestellen kann.

Mit besten Wünschen, daß Ihre künftigen Unternehmungen glücklich verlaufen, verbleibe ich

sehr herzlich Ihr Elmer D. Grant

Damit war jedoch erst ein Teil der Arbeit getan. Die nächste Aufgabe bestand darin *zu verhindern, daß die Zone um den Zenit sich wieder bewölkte.* Diese Aufgabe war schwieriger zu erfüllen, da in einer starken westlichen Strömung Wolken heranzogen. Das Wolkenfeld teilte sich, je weiter es sich Orgonon näherte, und schloß sich dann bei den Saddleback-Bergen, *östlich* von Rangeley, wieder zusammen. Das Problem also war, wie wir es bewerkstelligen konnten, daß die Wolken sich weiterhin westlich von Rangeley teilten und der Himmel auf diese Weise bis in den Spätnachmittag hinein wolkenlos blieb.

Ich versuchte dies auf zwei Wegen zu erreichen:

1. durch intermittierendes, kurzes Ziehen für eine oder zwei Minuten, wenn immer es den Anschein hatte, als wollte sich die Wolkenlücke über uns schließen; und

2. indem ich nur EIN Rohr einige Minuten lang offenließ, das mit sehr großer Vorsicht und in jeweils kleinen Schritten westwärts gerichtet wurde, in einem Winkel von etwa 15 Grad zum Horizont. Diese Methode war neu und noch nie ausprobiert worden. Wie erhofft erreichten wir damit, daß den herankommenden Wolken gerade genug OR entzogen wurde, um sie dauernd in Auflösung zu halten, ohne jedoch Regenfälle zu riskieren. Aus dieser zweiten Methode ergab sich ein besonderer Zweig von OROP WÜSTE, nämlich das KONTINUIERLICHE ABSAUGEN VON DOR, *ohne Niederschlag herbeizuführen.*

OROP »KINDERPARADE« war ein Erfolg auf der ganzen Linie. Um 17:35 Uhr waren die Umzüge der Kinder zu Ende. *In Rangeley und Umgebung war kein einziger Regentropfen gefallen.* Das war umso erstaunlicher, als es rund um Orgonon und Rangeley den ganzen Nachmittag über geregnet hatte (wie ich viel später von »Doc« Grant persönlich erfuhr). Ich hatte die OROP »KEIN REGEN« während der ganzen Kinderparade weitergeführt. Nach der Veranstaltung versuchte ich, *nach* Regen zu ziehen. *Ich kehrte die Ziehrichtung um – von Ost nach West* – und zog zunächst zehn, dann noch einmal zwanzig Minuten, um die bestehende Niederschlagsneigung, die wir mit unserer OROP KEIN REGEN nur zurückgedrängt hatten, zu fördern.

Erwartungsgemäß kam Ostwind auf, doch um 21 Uhr hatte es noch immer nicht geregnet. Schließlich setzte im Lauf der Nacht doch ein sanfter, aber ergiebiger Regen ein. Unter mein

Tagesprotokoll setzte ich folgenden Schlußsatz: »Wieviel Demut, wirkliche Demut, braucht man, um so etwas wie die OROP »KINDERPARADE« zu vollbringen ...«

Mr. Grant dankte mir von ganzem Herzen, als wir uns einige Zeit später in der Stadt trafen. Er hatte einmal gesagt, daß man für das Ausbleiben des Regens auch den Himmelsmächten dankbar sein müsse. Dem stimmte ich vollkommen zu, fühlte ich mich doch lediglich als Vollzugsorgan der kosmischen OR-Energie und keineswegs als allmächtiger Regenmacher oder Regenbrecher.

Lehren, die aus der OROP RANGELEY *vom 8. und 9. August 1953 zu ziehen sind:*

1. *Es ist möglich, Wolkenbildung und Niederschlag zu verhindern.*
2. *Es ist möglich, Wolken in eine gewünschte Richtung zu lenken.*
3. *Es ist möglich, Regen zu verhindern und Regenwolken aufzulösen, indem man aus Richtung der heranziehenden Wolken zieht.*
4. *Kurzes intermittierendes Abziehen von* OR *aus schweren Wolken verringert die Potentialdifferenzen in den bewölkten Himmelszonen und stellt so eine ausgeglichene Verteilung der atmosphärischen* OR-*Energie her.* Das wirkt der Niederschlagsneigung entgegen.
5. *Will man Regen verhindern, darf man nicht aus der der normalen* OR-*Strömung entgegengesetzten Richtung ziehen.*
6. *Man muß der heranziehenden Wolkenbank rund 3 bis 6 Kilometer vor dem Ort, der niederschlagsfrei bleiben soll, eine* »Sperre« *in den Weg legen.*
7. Man kann sich die »OR-NACHWIRKUNG« zunutze machen (die Tendenz der OR-Energie, einen künstlich induzierten Zustand spontan beizubehalten). Dies ist ein derzeit noch nicht erklärbares Phänomen.

Die ORANUR-Wetterbeeinflussung hatte ein weiteres wichtiges Feld technischer Anwendbarkeit hinzugewonnen, die schon bald in größerem Maßstab erprobt werden sollte.

Protokoll der OROP »KINDERPARADE«

8. August 1953

Veranstaltungsprogramm: *Hundeparade*, Samstag, 8. August, um 14:30 Uhr; *Kinderparade*, Sonntag, 9. August, 14:30 Uhr.
Amtliche Wettervorhersage:
REGEN im südlichen Teil von Maine am 8. August 1953;
REGEN in ganz Neuengland am 9. August 1953.
Kinderparade gefährdet.

OROP KINDERPARADE:
8. August 1953:
9:00 Uhr: Ziehen, um Sonnenschein hervorzurufen, 3 Min.
9:05 Uhr: Ziehen nach Sonne, 3 Minuten.
ERGEBNIS: 11:00 UHR: KLARER HIMMEL ÜBER DER REGION.
PLAN: Ziehen, um Sonnenschein hervorzurufen, immer wenn Niederschlag droht; falls kein Erfolg eintritt, Lastwagen mit Cloudbuster nach Rangeley schicken, mit Auftrag, den Himmel klarzuhalten.
11:30 Uhr: Anruf bei »Doc« Grant in Rangeley; keine Schönwetterzusage.
19:00 Uhr: ZIEHEN gegen REGEN, 3 Minuten;
ERGEBNIS: KEIN REGEN WÄHREND DER GANZEN NACHT vom 8. auf den 9. August 1953.
HUNDEPARADE HAT STATTGEFUNDEN.

9. August 1953

7:00 Uhr: Dunkle Wolkenbank von Westen, Regen droht.
8:30 Uhr: *Ziehen, um Sonnenschein hervorzurufen, 5 Minuten,*

Aufklaren. +++++ *Wolkenaufzug aus NW bis NO.* Möglich, daß Ziehen aus W *Ursache* für Wolken im NW ist.

9:10 Uhr: Über Region kommt Sonne durch; dunkle Wolken östlich, bei den Saddleback-Bergen. Wie lassen sich Wolken östlich von Rangeley auflösen, ohne Regen von Osten hervorzurufen?

Tom Ross berichtet von starker Taubildung frühmorgens.

Relative Luftfeuchtigkeit um 9% gesunken, von 89% auf 80%.

Kontinuierliches kurzes Ziehen, immer wenn sich im Westen Wolken zusammenballen.

10:30 Uhr: Sonnenschein.

Ganzen Tag über kein Regen, entgegen amtlicher Wettervorhersage.

21:00 Uhr: Auftrag erledigt. Kinderparade konnte wie geplant ablaufen.

10. August 1953

8:00 Uhr: Der überfällige Regen geht jetzt ergiebig nieder. Nach Angaben von Mr. Grant hatte es am 9. August 1953 im Umkreis von Rangeley überall geregnet.

IX. OROP Boston, 2. September 1953

OROP »Kinderparade« hatte nicht nur unser Wissen auf dem Gebiet des Cosmic Engineering erweitert, sondern auch den Konflikt um die drängende Frage verschärft, was getan werden *konnte*, um einer notleidenden Nation zu helfen.

An dem Tag, an dem ich mit Erfolg versucht hatte, Rangeley und Umgebung niederschlagsfrei zu halten, sprach ich mit unserem Mitarbeiter in Orgonon, Thomas Ross. Er gab zu, daß ihn das Machtgefühl, das einen bei Operationen wie Nebelauflösung oder Regenverhinderung überkommt, tief beeindruckt hatte. Ich erklärte ihm: Der schlimmste Feind von Oranur-Operationen zur Wetterbeeinflussung wäre ein solches Machtgefühl. Erneut legte ich dar, daß man den CORE-*Techniker mit einem Lokomotivführer vergleichen könne, der mit einem einzigen Hebel den Dampfdruck regulieren kann. Er selbst ist jedoch nicht die treibende Kraft, die den Zug bewegt. Er ist lediglich ihr Treuhänder. Und Treuhänder müssen sich ihrer Verantwortung voll bewußt sein und dürfen nie vergessen, welche mächtigen Kräfte ihrer Obhut anvertraut sind. Zu verhindern, daß Personen mit chronischer Ich-Schwäche die* CORE-*Operationen wegen ihrer Aufgeblasenheit brauchten, schien eine nicht weniger wichtige Aufgabe zu sein als die Weiterführung der Operationen selbst.*

Ich empfand bei diesen Operationen sehr deutlich die große Macht, über die ich gebot; da ich jedoch seit über drei Jahrzehnten gewöhnt war, mit höchst verantwortungsvollen medizinischen, psychiatrischen und erzieherischen Aufgaben umzugehen, verfiel ich nicht in einen Machtrausch.

OROP BOSTON wurde von Orgonon aus durchgeführt, das rund 400 Kilometer nördlich von Boston liegt. Es war die erste Wetterbeeinflussungs-OROP, die über eine so große Distanz ging. Sie hatte einen durchschlagenden Erfolg und beendete die schwere Augustdürre, unter der die Ostküste und die Großstädte des Nordostens gelitten hatten. Sie entglitt aber auch ein Stück weit unserer Kontrolle und verursachte einige Schäden, allerdings nicht an Leib und Leben. Diese Schäden machten nur einen Bruchteil der Kosten aus, die eine Fortdauer der Dürre mit sich gebracht hätte.

Betrachten wir zunächst die Situation am 1. September 1953: Die *New York Herald Tribune* meldete schon den siebenten Tag einer »Hitze wie im Backofen« mit 36 Grad im Schatten und ohne Aussicht auf Abkühlung.

> Die schwerste New Yorker Hitzewelle glühte sich gestern durch ihren siebten Tag, mit einer Höchsttemperatur von 36 Grad um 15:50 Uhr. Aussicht auf eine Unterbrechung des heißen, trockenen Wetters besteht nicht.
> Gestern war:
> 1. der fünfte Tag hintereinander, an dem das Quecksilber auf über 36 Grad stieg – zwei Tage mehr, als die bisher längste Periode aufeinanderfolgender Hitzetage mit über 36 Grad, die das Wetteramt in den 82 Jahren seines Bestehens registriert hat;
> 2. der siebte Tag hintereinander mit über 32 Grad – damit könnte der Rekord aus dem Jahr 1944 von acht aufeinanderfolgenden Tagen mit über 32 Grad gebrochen werden;
> 3. der heißeste 31. August in den Wetterannalen. Der bisherige Hitzerekord mit 33 Grad für diesen Tag datiert aus dem Jahr 1881;
> 4. der nur geringfügig kühlere als der bisher heißeste Tag des Jahres. Am Samstag lag die Temperatur bei 36,2 Grad.
> Zwei tröstliche Aspekte der bislang einwöchigen Hitzewelle: Die Luftfeuchtigkeit betrug in der heißesten Tageszeit nach wie vor

knapp über 30 Prozent; und – egal wie heiß es in New York wurde – überall in den östlichen zwei Dritteln des Landes schien die Hitze genau so schlimm oder noch schlimmer zu sein.
Newark (New Jersey) hatte seinen vierten aufeinanderfolgenden Tag mit Temperaturen von über 38 Grad zu ertragen, ein neuer Rekord. Chicago erlebte mit 37 Grad den sechsten Tag hintereinander mit einem neuen Hitzerekord für dieses Datum. In Muscatine (Iowa) kletterte das Quecksilber auf die 38-Grad-Marke, und die Stadtverwaltung beschloß, die Winterschließung des städtischen Freibades zu verschieben.
Die Meteorologen ließen sich von allen Bitten, ein rasches Ende der Hitzewelle vorauszusagen, nicht beeindrucken. Trotz einiger Wolken, die in New York die Nachmittagssonne verdeckten, und obwohl das Barometer fiel, sagten sie für heute die gleichen mörderischen Temperaturen voraus, mit denen wahrscheinlich auch morgen zu rechnen sei.

In diesem Bericht steht nichts über die DOR-Auswirkungen auf New York, weil man davon nichts wußte. Nach der *New York Times* waren während dieser Tage doppelt so viele Menschen gestorben als »normal«. Dies machte mich unsicher in meinem Entschluß, auf einem »wissenschaftlichen Nachweis« für die ORANUR-Wetterbeeinflussung zu beharren.

In unserer Gegend in Maine gab es viel DOR, aber wenig Dürre. Bis zuletzt hatte ich gehofft, die große Diskrepanz zwischen der Wettersituation im nördlichen Maine, was ja auch von Radio Boston häufig genug betont wurde, und der im übrigen östlichen Teil der Vereinigten Staaten, würde zu irgendwelchen Initiativen seitens der verantwortlichen Landwirtschaftsvertreter führen. Doch nichts geschah. Die vielen Briefe, mit denen sich das Orgon-Institut an diverse Adressaten wie Feuerwachen, Rathäuser usw. wandte, blieben unbeantwortet. Ich verstand dieses Schweigen erst sehr viel später. Doch inmitten der akutesten Dürre in der Geschichte der USA war dieses Schweigen unerträglich.

Auf einige der Einwände, die von Mitarbeitern des Wetteramts gegen unsere Resultate erhoben wurden, werde ich später eingehen. Die Einwände selbst erforderten eine unumstößliche, hieb- und stichfeste Antwort. Das Schweigen veranlaßte mich, mir auf eine Weise Gehör zu verschaffen, die ein längeres Ausweichen unmöglich machte. Millionen Kinder, denen durch die Dürre Hunger drohte, waren jetzt wichtiger als politische Erwägungen.

Nachstehendes Telegramm wurde am 2. September 1953 um 10:59 Uhr an Mr. Ivan R. Tannehill vom amerikanischen Wetteramt in Washington (D. C.) abgeschickt:

»Wir tun unser möglichstes, um die hier im Gebiet von Orgonon vorhandene Bewölkung mit kleinen Schauern und starker Taubildung südwestlich in Richtung der Großstädte zu lenken. Erfolg zweifelhaft wegen geringer Zahl von Cloudbustern. Das Hereinziehen von Feuchtigkeit ostwestlich vom Ozean her sollte möglicherweise das Ende der schweren Dürre in Ihrem Gebiet herbeiführen.«

OROP BOSTON begann am 2. September 1953 um 10:00 Uhr und dauerte bis 12:00 Uhr mittags. Es wurden drei Cloudbuster gleichzeitig eingesetzt: einer auf dem Hügel beim Observatorium, einer beim Studentenlaboratorium und einer, auf einem Lastwagen montiert, am See. Sie standen in Abständen von etwa 250 bis 300 Metern voneinander. Bei der Ziehoperation waren an allen drei Cloudbustern sämtliche Rohre auf volle Länge ausgefahren. Wir zogen aus Richtung Nordnordwest, das heißt in Richtung auf das südsüdwestlich gelegene Boston. Meinem Gefühl nach konnten drei Cloudbuster nicht genug OR mobilisieren, um auf eine solche Entfernung Regen in Boston zu produzieren. Ich täuschte mich: Mit drei Cloudbustern hatten wir mindestens einen zuviel.

Theoretisch bestand unser Ziel darin, über Boston ein hohes OR-Potential aufzubauen. Dieses OR-Potential würde seinerseits in der Lage sein, der Stadt vom Ozean her Feuchtigkeit zuzuführen. Abbildung 17a veranschaulicht schematisch, was sich abspielte:

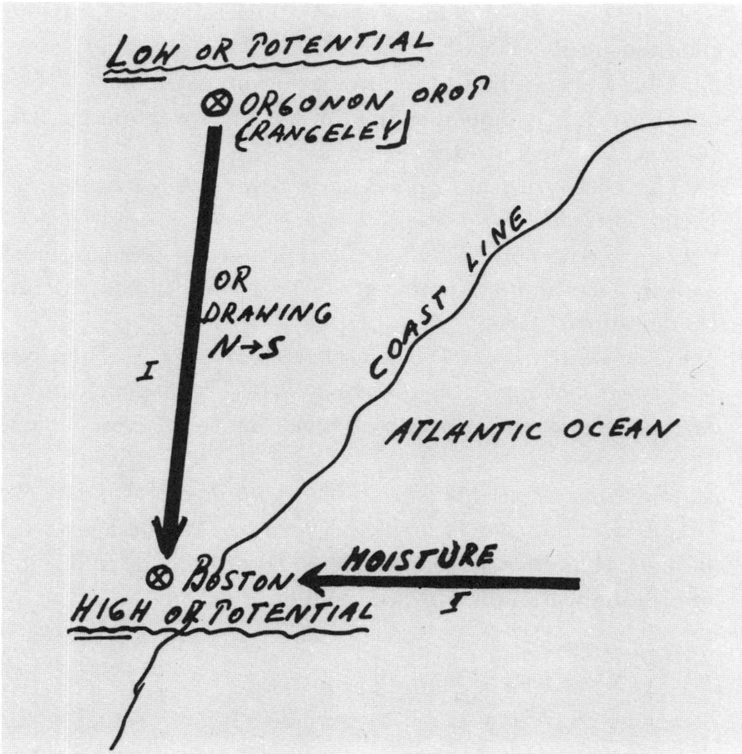

Abb. 17a: Wie man unter Nutzung eines weit entfernten hohen Or-Potentials Feuchtigkeit vom Meer aufs Festland zieht.
(Low Or Potential – niedriges Or-Potential / Drawing – Richtung der Ziehoperation / Coast Line – Küstenverlauf / Moisture – Feuchtigkeit / High Or Potential – hohes Or-Potential)

2. September 1953:

8:30 Uhr: *Wetterbericht Radio Boston: Keine Abkühlung*. Zu erwartende Nachmittagstemperaturen 32 bis 37 Grad.

10:59 Uhr: Orgon-Institut schickt Telegramm an Tannehill in Washington (D. C.).

10–12 Uhr: OROP BOSTON mit drei auf volle Kraft ausgefahrenen Cloudbustern.
13:30 Uhr: Regen scheint unmittelbar bevorzustehen.
14:00 Uhr: Wolken haben sich südwärts in Bewegung gesetzt, Wechsel von bisher östlicher Drift.
15:00 Uhr: *Wetterbericht Radio Boston: Temperaturrückgang von 37 auf 33 Grad.*
17:30 Uhr: *Wetterbericht Bangor:* Vorhersage für das nördliche und mittlere Maine: Vereinzelte Gewitter am späten Abend, Temperatur 31 Grad.
18:00 Uhr: *Wetterbericht WBZ Boston: Vorhersage: Bewölkt mit gewittrigen Schauern, nicht mehr so heiß, Winde von Südwest auf Nord drehend* (entsprechend unserem Ziehen von N nach S).
Zufuhr kühler Luft für New York. »Kaltluft aus Kanada für Freitag oder Samstag (4. bzw. 5. September 1953) erwartet.«
23:00 Uhr: *Wetterbericht Radio Boston:* Das nördliche und mittlere Maine waren die einzigen kühlen Flecken.

3. September 1953:
8:25 Uhr, *Wetterbericht Radio Boston WBZ:*
Wind aus Richtung OST; vergangene Nacht Gewitter mit Windgeschwindigkeiten von 65 km/h; 200 umgestürzte Bäume, Gebäudeschäden; 8 mm Niederschlag; im nördlichen Maine kühl, Temperaturen morgen voraussichtlich zwischen 32 und 38 Grad.

Mit dem Gewitter, das am Abend des 2. September im Raum Boston tobte, hatte niemand im Wetteramt gerechnet. Es lieferte die Antwort auf die wissenschaftliche Frage, ob sich ein Gewitter »aus dem Nichts« bilden kann. Offen blieb freilich die Frage, wie es zu erklären war, daß das Unwetter sich über der Stadt selbst entladen hatte und nicht über ihrer ländlichen Umgebung. Denkbar war die Annahme, die hohe DOR-Konzentration, die auch schon die schwere Dürre verursacht hatte, habe zur

Anziehung und Konzentration der vom Ozean kommenden Feuchtigkeit geführt. Was wir mit der Ziehoperation in Orgonon bewirkt hatten, war nichts anderes als eine *Potentialabsenkung* zu dem Raum nordnordöstlich von Boston. Doch war weder das in Boston entstandene OR-Potential noch der Zustrom ozeanischer Feuchtigkeit in Richtung Boston eine direkte Folge unserer Operation in Orgonon, gleich wieviele Cloudbuster wir dort eingesetzt hätten.

Das Gewitter von Boston war anscheinend eine unmittelbare Folge der Erhöhung eines schon vorher hohen, aber in Stagnation verfallenen OR-*Potentials.* Die geringfügige Veränderung der Potentialstärke und Mobilität reichte offenbar aus, um die atmosphärische Aktivität über Boston wieder zu beleben, mit der Folge, daß Feuchtigkeit und Luft vom Atlantik hereinströmten. Das folgt eindeutig aus vielen ähnlichen orgonotischen Vorgängen, seien sie nun biologischer oder seien sie rein physikalischer Natur:

WENN OR-ENERGIE IN EINER SITUATION IMMOBILISIERT WIRD, VERFÄLLT SIE IN DEN ZUSTAND DER STAGNATION. DIE NORMALEN, NATÜRLICHEN OR-AKTIVITÄTEN KOMMEN ZUM STILLSTAND: WÜSTE – ob in der Seele, im Denken oder in der Natur – IST DAS UNVERMEIDLICHE ERGEBNIS DER IMMOBILISIERUNG VON OR-ENERGIE.

Die Therapie folgt logisch aus der Diagnose: *Die Stagnation läßt sich nur überwinden, indem man in der betroffenen Region für Bewegung sorgt – das heißt, für eine Veränderung des Energieniveaus, so geringfügig sie auch sein mag.* Und das war meiner Überzeugung nach der Mechanismus, der bewirkte, daß die an diesem 2. September 1953 in Orgonon, 400 Kilometer nördlich von Boston, durchgeführte OROP BOSTON das Ende der Trockenheit in Neuengland herbeiführte.

Ich hatte das, was in Boston als Resultat eintrat, mit gewissen Einschränkungen vorhergesagt. Eines von meinen Telegrammen ging an den Meteorologen von Radio Boston, »Weatherbee«, um damit einer seiner früher geäußerten Bitten nachzukommen, einmal Regen zu machen, ohne daß irgendwo Schlechtwetterfronten angekündigt waren.

Das Ende der Trockenheit kam in Boston, vom Wetteramt nicht angekündigt, etwa um 14 Uhr (nach Hörfunkmeldungen). Den nördlichen Rand von New York City erreichte der Regen am gleichen Tag, abends um 18:30 Uhr. Im Radio wurde gemeldet, die Luft habe sich auf 21 Grad abgekühlt; beklagt wurde jedoch, daß es noch »zu wenig geregnet« habe. Noch um 13:30 Uhr an diesem Tag (2. September), kurz vor Beginn des Gewitters, hatten Boston 39,5 Grad, New York 37 und Chicago 38 Grad gemeldet. Auch im südlichen Kanada, das schwer unter der Dürre gelitten hatte, gab es etwas Abkühlung. Wie weit die Abkühlung nach Nordosten reichte, wissen wir nicht; an der Küste in der Gegend von Bar Harbor war, wie am 3. September gemeldet wurde, der Himmel bedeckt, und ein kurzer, leichter Sprühregen war gefallen.

Der Wetterdienst hatte aufgrund der täglich bei ihm eingehenden Berichte, am Morgen des 2. September natürlich eine *Fortdauer der Trockenheit* vorhergesagt und vor dem 6. oder 7. September keine Änderung in Aussicht gestellt. Er hatte außerdem das Einfließen kühler Luft aus Kanada angekündigt; tatsächlich aber meldete Kanada (Montreal) noch am 4. September Temperaturen von über 32 Grad, während es in Boston und New York bereits auf etwas über 20 Grad abgekühlt war. Radio Boston (WBZ) hielt durch »Weatherbee« Kontakt mit dem Orgon-Institut.

Das Orgon-Institut verfügt nicht über die Ausstattung, um Wetterdaten aufzuzeichnen oder Wetterprognosen abzugeben. Es ist vollauf damit beschäftigt, die OR-Energie-Forschung weiterzuverfolgen. Niemand vom Orgon-Institut brüstet sich, ein professioneller Regenmacher zu sein oder viel über die Zirkulation »kalter« und »warmer« Luftmassen zu wissen, die angeblich entscheidend für das Wettergeschehen ist. Kein orgonomischer Forscher würde eine Prüfung in Meteorologie bestehen. Davon abgesehen wird der folgende Überblick das wahre Verhältnis zwischen naturwissenschaftlicher Grundlagenforschung und technischen Routineverfahren aufzeigen.

Niemand von uns freute sich über die zahlreichen Irrtümer, die dem Wetteramt im Verlauf dieser so entscheidenden Sommermonate unterliefen, als OROP WÜSTE ins Leben gerufen wurde. Die krassen Widersprüche und Ungereimtheiten, die den Leuten vom amerikanischen Wetterdienst 1953 zu schaffen machten, waren im Grunde die Folge ihres Widerstrebens, die kosmischen Kräfte, denen die Luftströmungen gehorchen, zur Kenntnis zu nehmen und sich systematisch mit ihnen auseinanderzusetzen. Ein weiterer Vorwurf – sofern »Vorwürfe« in einer solchen Situation überhaupt angebracht sind – lautet, daß die Leute vom Wetteramt auch nicht willens waren, nach den Ursachen für ihre wiederholten Irrtümer zu fragen. Die Bereitschaft, eigene Fehler zu finden und zu korrigieren, dürfte aber wohl zu den Grundvoraussetzungen wissenschaftlicher Tätigkeit gehören.

Unsere Geschichte endet jedoch nicht an dieser Stelle. Sie hat eigentlich noch nicht richtig begonnen. In ihre im wahrsten Sinne des Wortes ernste Phase tritt sie am 22. Oktober 1953.

Wir wollen aber zunächst einmal die grundlegenden Prinzipien, auf denen die ORANUR-Wetterbeeinflussung beruht, bis zu dieser Stelle resümieren. Wir haben Folgendes gelernt und konnten es auf sicheren Boden stellen:

1. *Es ist möglich, Wolken aufzulösen oder aufzubauen, sie schrumpfen oder wachsen zu lassen, indem man das orgonomische Potential der atmosphärischen* OR-*Energie verändert.*
2. *Es ist möglich, Regen herbeizuführen, indem man das Anwachsen und die Verdichtung von Wolken fördert.*
3. *Es ist möglich, Feuchtigkeit vom Meer über trockene Landmassen zu ziehen.*
4. *Es wird möglich sein, Wolken zielgerichtet zu lenken.*

5. *Es ist möglich, Gewitter an weit entfernten Orten herbeizuführen, indem man die Wechselwirkungen zwischen Ziehrichtung, bestehenden hohen Potentialen und Feuchtigkeitsquellen (Meer) ausnützt.*
6. *Es ist möglich, durch eine zweckmäßige Kombination dieser drei Techniken zielgerichtet Dürreperioden zu beenden.*
7. *Die Dürre zu besiegen ist in küstennahen Gebieten wesentlich leichter als im küstenfernen Inland.*
8. *Es ist leichter, eine Dürre zu verhindern, als sie zu beenden.*
9. *Der Kampf gegen die Wüstenbildung kann mit Aussicht auf Erfolg geführt werden; die technischen Mittel und Instrumente dafür bedürfen noch der Vervollkommnung.*
10. *Die Möglichkeiten des Cosmic Orgone Engineering sind unabsehbar.*
11. *Die Verantwortung lastet voll und ganz auf den Schultern des Orgon-Instituts und auf den Regierungen der Welt.*

Auf diese Tatsachen gestützt, werden wir nunmehr die OROP GALAKTISCHER OR-STROM in Angriff nehmen.

Die *New York Herald Tribune* schrieb am Sonntag, dem 18. Oktober 1953:

> *Die brutale Dürre*
> *Was dieses Land neben anderen Dingen braucht, ist ein Milliarden-Dollar-Regen. Im Westen ist die Dürre so kritisch geworden, daß der Gouverneur von Colorado, Dan Thornton, die Einberufung des Kongresses zu einer Sondersitzung vorgeschlagen hat, falls der Himmel nicht innerhalb der nächsten 30 Tage seine Schleusen öffnet. Auch der Osten ist von der Dürre betroffen; praktisch alle Kommunen im Umkreis von New York sind besorgt über die schwindenden Wasservorräte. Doch ist die Lage hier bei uns, so sehr sie uns auch zu schaffen macht, noch geradezu rosig, vergleicht man sie mit der in den Dutzend stark betroffenen Bundesstaaten des Westens und Südwestens. Sie stehen vor einer Katastrophe. Ihre Notlage ist ein nationales Problem, dem, wie Washington und die Staatsregierungen erkannt haben, mit sofortigen und direkt wirksamen Mitteln begegnet werden muß. Die Farmer und Rancher brauchen Heu, Viehfutter, Saatgut, um ihre Existenz zu si-*

chern. Ihre Lage ist verzweifelt, und wenn die verfügbaren Hilfsmittel nicht ausreichen, wird man zusätzliche bereitstellen müssen. Wo Hilfe so dringend benötigt wird, scheint es selbstverständlich zu sein, daß ein umfassendes und wirksames Solidaritätsprogramm ausgearbeitet werden muß.

Es wird sich dabei nicht um eine langfristige Lösung im Sinne des Bodenschutzes und einer konstruktiven Pflege der Wasserreserven handeln. Diese Dinge brauchen Zeit; doch täte die gesamte Nation gut daran, schon jetzt mit dem gründlichen Nachdenken über das ganze Problem des Verhältnisses zwischen Mensch und Natur anzufangen – von den Staubstürmen angefangen bis zu den Wasserwerken. Wenn die jetzige Dürre bewirkt, daß wir uns ernsthaft mit einer langen Reihe fahrlässiger Versäumnisse und Sorglosigkeiten im Umgang mit dem Wasser zu befassen beginnen, dann hat sie uns auf brutale Weise einen guten Dienst erwiesen. Vorderhand jedoch wäre nichts hilfreicher als Regen und nochmals Regen – auf der ganzen Linie zwischen Rocky Mountains und Atlantik.

Die Lage blieb in den USA weiterhin verzweifelt – abgesehen von den vereinzelten Durchbrechungen der Dürre, die im Nordosten der USA künstlich herbeigeführt wurden.

X. OROP Galaktischer Strom, Hancock, 22. Oktober 1953

1. Der galaktische Or-Strom ist eine Tatsache

Im Jahr 1950 habe ich die Existenz des »galaktischen OR-Energiestromes« postuliert (siehe *Die kosmische Überlagerung*, 1951), der den äquatorialen OR-Strom in einem Winkel von 62 Grad Nordnordost schneidet. OROP HANCOCK war als Nagelprobe für die Gültigkeit dieses Postulats gedacht.

Die Probleme im Zusammenhang mit den Operationen der ORANUR-Wetterbeeinflussung waren vielfältiger und ernster Natur. Zwei dieser Probleme drängten nach einer Lösung, wenn wir dieses Mal der neuen Dürre, mit der im Sommer 1954 zu rechnen war, rechtzeitig und mit Erfolg entgegentreten wollten.

1. Können intelligente Ingenieure in der Technik der ORANUR-Wetterbeeinflussung geschult werden? Wenn ja, wie?
2. Ist der sogenannte »GALAKTISCHE« OR-Energiestrom (Südwest nach Nordost) real? Ließe er sich für OROP WÜSTE nutzen?

Um diese zwei Fragen zu beantworten, wurde am 19. September 1953 eine mobile Cloudbustereinheit nach Hancock (Maine) verlegt. Sie wurde von einem Studenten mit einer gewissen Grundausbildung bedient; er hatte Anweisung, keine größeren Operationen ohne ausdrückliche Genehmigung und Anleitung des Orgon-Instituts durchzuführen. Er hatte jedoch die Erlaubnis, DOR-Wolken aus der Region in Richtung Ozean abzuziehen, so oft es ihm nötig erschien. Ein junger einheimischer Arzt hatte die Aufgabe, die Auswirkungen solcher DOR-Entfernungsoperationen auf die Gesundheit der Bevölkerung zu untersuchen und darüber zu berichten.

Am 3. Oktober erhielt der Techniker in Hancock Anweisung, nach Regen zu ziehen. Sein erster Versuch schlug fehl. Später unterstützte ich seine Operation von Orgonon aus, und dieses Mal gelang es ihm, wie vorgesehen Regen zu erzeugen.

Der nachfolgende Bericht spricht für sich selbst. Es ist bei solchen funktionalen Operationen wichtig, daß ein auszubildender Techniker lernt, seine eigenen Fehler zu erkennen. Er sollte in der Lage sein, in seinen Irrtümern Wegweiser zu künftigen Erfolgen zu sehen; er muß auch in der Lage sein, nach erfolgreichen Operationen vernünftig Rechenschaft über die Erfolgsgründe und die Dynamik des Geschehens abzulegen.

Für die künftige Ausbildung von CORE-Ingenieuren mag dieser erste Bericht eines Anfängers in Cosmic Engineering von einiger Bedeutung sein:

Im Folgenden nenne ich meine Gründe, warum die OROP vom 2. und 4. Oktober erfolgreich verlief, und erkläre, wie unsere Resultate zustande gekommen sind:

Ausgehend von dem im letzten Sommer von Ihnen entdeckten Prinzip des vorwiegenden Ziehens aus der Richtung, die der entgegengesetzt ist, *in die der Regen ziehen soll*, nehme ich an, daß Sie mit Ihrem Ziehen von Westen am 3. Oktober in Rangeley den Zweck verfolgt haben, Regen und Wetter in Richtung Osten zu treiben. Indem Sie von Westen abzogen, wollten Sie das Potential östlich der Operationsbasis erhöhen. Außerdem wollten Sie die Westoströmung der Orgonenergie verstärken.

Ihre Weisung an mich, am nachfolgenden Tag, dem 4. Oktober, aus Osten zu ziehen, hatte den Zweck, Feuchtigkeit vom Meer hereinzuziehen. Damit würde sich das Potential westlich dieser Operations-

basis verstärken, das heißt in derselben Region, die auch durch die westlich gerichtete Ziehoperation von Rangeley aus beeinflußt wurde. Außerdem würde durch das Ostwärtsziehen hier bewirkt, daß Regen und Wetter westwärts wandern würden; es würde sich also die durch Ihr Ziehen vom Vortag bewirkte ostwärtige Fließbewegung des Orgon-Stromes umkehren in eine westliche Strömungsrichtung. Diese Westwärtsströmung, mit ihrer vom Meer mitgebrachten Feuchtigkeitsfracht, würde nach Süden abdrehen, dem natürlichen Weg folgend, den das in dieser Region vorherrschende regnerische Wetter nimmt, wenn es von Osten heranzieht. Der Regen würde also, mit anderen Worten, nicht direkt von Osten nach Westen wandern, sondern sich südwärts Richtung Boston wenden, und wir hätten es dann mit einem »Northeaster« zu tun, wie der Nordostwind in dieser Gegend genannt wird. *Aus welchem Grund nun aber dieses von Osten kommende Wetter von Natur aus in Richtung Südwest einschwenkt, weiß ich nicht. Ich nehme an, daß das mit der in früheren Debatten bereits erwähnten Fließrichtung des galaktischen Orgon-Energie-Stromes zusammenhängt.*
Ein Faktor, der vielleicht einen zusätzlichen Einfluß auf den Verlauf dieser OROP hatte, ist der Umstand, daß ich am Montag, den 5. Oktober, um 6:00 Uhr morgens fünfzehn Minuten lang vom nördlichen Horizont zog. Dies tat ich aus folgendem Grund: Um 5:00 Uhr war der Himmel von einer dichten Wolkenschicht bedeckt, mit Ausnahme einer kleinen Zone knapp oberhalb des nördlichen und nordwestlichen Horizonts. Die Bewölkung war dort sehr scharf abgegrenzt, mit wolkenfreiem Himmel jenseits davon. Diese Wolkenschicht bedeckte den Himmel seit dem Nachmittag des Vortages. Der Wind kam aus Nordwest. Die Bewölkung wanderte ostwärts, und die wolkenfreie Zone vergrößerte sich allmählich. Nach langem Zögern zog ich fünfzehn Minuten lang aus Richtung der wolkenfreien Zone am nördlichen Horizont. Ich tat dies in der Absicht, das Potential dieses wolkenfreien Bereichs zu vermindern und damit das Potential im Gebiet der Bewölkung zu vergrößern, in der Annahme, daß die Bewölkung sich verdichten und ihre Ostwärtsdrift vielleicht zum Stillstand kommen würde. Ich machte dabei einen Fehler. Mein Irrtum bestand darin, daß ich *nicht die Operation als ganze in Betracht zog*, sondern nur an das kurzfristige Verdichten der Bewöl-

kung dachte und den Richtungsfaktor außer acht ließ. Das Ziehen selbst könnte durchaus dazu beigetragen haben, die Wetterfront zu stimulieren, die später am Vormittag aus Nordosten heranzog; mein Fehler lag in der Begründung für meine Aktion.

Bis zu dem Zeitpunkt, als ich mit der Niederschrift dieses Berichts begann, hatte ich diese Ziehoperation aus nördlicher Richtung für nicht wichtig gehalten. Jetzt erkenne ich, daß bei dieser Art des Arbeitens mit der kosmischen Orgon-Energie nichts unwichtig ist. Vielleicht war dieses Ziehen von Norden verantwortlich für die Kälte und den Schnee, die die Wetterfront mitbrachte?

OROP, 4. Oktober 1953

Am Sonntag, dem 4. Oktober 1953, war der Himmel über Hancock (Maine) morgens klar, mit Ausnahme einer niedrigen Wolkenbank über dem *westlichen* und *nordwestlichen* Horizont. Der Wind wehte mäßig aus West und Südwest. Die Wettervorhersagen für Sonntag, den 4. Oktober, lauteten:

Bangor . . . Heiter
Maine . . . Heiter, später am Tag vereinzelte Schauer im nördlichen Teil
Boston . . . Heiter, in der Nacht leichte Bewölkung
Radio WBZ Boston, Samstag, 3. Oktober, 18:30 Uhr:
Kein Regen im Vorhersagezeitraum

Die ORANUR-Wetterbeeinflussungsoperation in Hancock wurde am Sonntag, dem 4. Oktober 1953, für die Dauer von einer Stunde und zehn Minuten durchgeführt, von 9:45 bis 10:55 Uhr. Die Ziehrichtung war Ost nach West, in einem Schwenkbereich zwischen Nordost und Südost und mit gelegentlichen Pausen, wie angezeigt. Die folgenden unmittelbaren Resultate wurden beobachtet: Die Wolkenbank im Westen und Nordwesten begann zu wachsen und ostwärts zu wandern. Der Südwestwind wurde stärker. Kleine Wolken tauchten am östlichen Himmel auf, direkt über der Zone, aus der wir abzogen. Der Kontrast zwischen der hellen und der dunklen Himmelszone verstärkte sich.

Der Südwestwind war den ganzen Tag über kräftig. Der Himmel bewölkte sich im Verlauf des Nachmittags zunehmend, wobei die

Bewölkung aus West und Südwest heranzog, bis gegen 17:45 Uhr *eine dicke Wolkenschicht den Himmel lückenlos bedeckte.* Zu diesem Zeitpunkt *fielen ein paar Regentropfen.* Der Wind legte sich um 19.30 Uhr, und einige Augenblicke lang nieselte es leicht. Um 20:10 Uhr setzte eine sehr sanfte Brise aus Nordwest ein, die sich dann, rund zwei Stunden später, plötzlich zu *einem sehr starken, böigen Nordwestwind steigerte, der fast die ganze Nacht über anhielt.*

Bei Sonnenaufgang am Montag, dem 5. Oktober, bedeckte die dichte Bewölkung noch immer weite Teile des Himmels; der Rand der Bewölkung zeichnete sich jedoch knapp über dem nordwestlichen und nördlichen Horizont deutlich ab. Jenseits davon war blauer Himmel. Leichter Wind kam sanft aus Nordwest, und die Bewölkung wanderte ostwärts, wobei der wolkenfreie Bereich allmählich größer wurde.

Nach langem Zögern zog ich fünfzehn Minuten lang aus Richtung der wolkenfreien Zone am nördlichen Horizont. Ich tat dies in der Absicht, die Verdichtung der bestehenden Wolkenmasse zu fördern und ihre Ostwärtsdrift zum Stillstand zu bringen. Ich hielt inne, als ich den Eindruck gewann, daß mein Ziehen die Südostdrift der Wolkenmasse verstärkte.

Wetterprognosen für Montag, den 5. Oktober 1953, lauteten:

Radio WBZ Boston, 7:30 Uhr: Bewölkungsauflösung, heiter
Boston . . . stellenweise bewölkt, gegen Abend heiter
Maine . . . tagsüber und abends heiter
Bangor . . . tagsüber heiter, Dienstag bewölkt

Die Wolkenwand wanderte weiter in Richtung Südost, bis sie gegen 10:00 Uhr zum Stillstand kam und über der Küste innezuhalten schien; sie bedeckte in etwa eine Himmelshälfte. Der Wind schlug zu diesem Zeitpunkt um und wehte nun *sanft aus östlicher Richtung. Um 14:00 Uhr hatte die Wolkenwand begonnen, sich westwärts in Bewegung zu setzen und anzuwachsen, bei mäßigem Wind aus Ost.* Um 16:00 Uhr war der Himmel vollständig bedeckt. Die Wolken wirkten schwer und nahmen an Größe zu und hatten einen anderen Charakter als die Wolken vom Vormittag. Die jetzigen Wolken waren zwar dicht und massig, hatten aber ein dunstiges, *nebliges Aussehen.*

Es handelte sich hier eindeutig *um eine vom Meer hereinkommende Wetterfront.* Erst daraufhin wurde für Montagabend Regen in Boston angekündigt, zu einem Zeitpunkt, da aus anderen Teilen Neuenglands bereits Niederschläge gemeldet worden waren.
In Hancock begann es um 19:45 Uhr zu regnen. Es war ein *milder, leichter Regen,* der die Nacht hindurch anhielt. Der Wind wehte weiterhin sanft *aus Nordost.* Im Lauf der Nacht fielen in Hancock etwa 6 mm Regen, und aus allen Teilen Neuenglands wurden leichte Niederschläge gemeldet (Radio WBZ Boston, 5. Oktober 1953, 18:30 Uhr).
Auch am Dienstag, dem 6. Oktober, kamen Wind und Wetter aus Nordost heran. Am Himmel hing nach wie vor eine dichte Wolkendecke, aus der allerdings tagsüber in dieser Gegend kein Regen fiel.

Die Wetterprognosen für den 6. Oktober lauteten:

Radio WBZ Boston, 7:30 Uhr: Nach einer Entschuldigung für die falsche Schönwetterprognose vom Vortag wird für Boston und Neuengland leichter Niederschlag tagsüber und abends angekündigt, für Mittwoch Wetterbesserung.
Boston . . . Regen bis zum frühen Abend
Maine . . . Regen bis zum Abend
Bangor . . . Regen am Dienstag und Mittwoch

Hier in Hancock setzte im Lauf des Dienstagabend (6. Oktober) *Regen ein, der auch am Mittwochmorgen noch anhielt.* Die Richtung von Wind und Wolken war in der Nacht von Nordost auf Nordwest umgeschlagen. 6 mm Regen waren hier nachts niedergegangen, und aus den meisten Teilen Neuenglands wurden Niederschläge in der Nacht gemeldet (nach Angaben von Radio WBZ Boston). Hier ging der Regen den ganzen Tag über (7. Oktober) weiter und hörte erst um 20:00 Uhr am Mittwochabend auf. Die gemessene Gesamtniederschlagsmenge für *Hancock (Maine) seit Montag, den 5. Oktober, lag bei fast 40mm.* Neuengland verzeichnete zwischen 6 und 50 mm Niederschlag (nach Angaben von Radio WBZ Boston, 7. Oktober 1953, 18:30 Uhr).

Wetterprognosen für Mittwoch, den 7. Oktober:

Radio WBZ Boston: In Boston hat es die ganze Nacht hindurch geregnet. Der Regen wird im Tagesverlauf aufhören, langsame Wetterbesserung. Am Donnerstag heiter.
Boston . . . Bewölkt, leichter Regen bis zum Vormittag
Maine . . . Bewölkt, Regen bis heute
Bangor . . . Bewölkt, vereinzelt Schauer möglich
Anmerkung: Die Wetterprognosen für Boston und Maine wurden der Zeitung »Boston Herald« entnommen, die für Bangor den »Bangor Daily News«. Die Prognosen von Radio WBZ entstammen den Sendungen von »Weatherbee«.

Nachdem diese erste von einem Beauftragten selbständig durchgeführte OR-Operation erfolgreich durchgeführt war, erhielt der Techniker einen weiteren Auftrag:

Er wurde gebeten, am 22. Oktober 1953 von 16:00 bis 17:00 Uhr *aus Nordost* Richtung Südwest und aus Ost zu ziehen. Meine zusammenfassende Darstellung der Operation Hancock vom 22. Oktober und der Operation Orgonon vom 24. Oktober im Logbucheintrag vom 27. Oktober lautet wie folgt:

»NO – OR-Strom: Ich ließ den Techniker aus NO ziehen, um herauszufinden:

1. ob Regenwolken gelenkt und gebündelt werden können;
2. ob man Regen gleichsam die Küste entlangführen kann;
3. ob zwei Ziehrichtungen zusammenwirken können, wenn ich den Techniker glatt in ostwestliche Richtung ziehen ließ.
4. *Ergebnis:* Von Freitag, den 23. Oktober 1953, an regnete es *nur* entlang der Küste, wieder ging eine schwere Trockenheitsperiode zu Ende; merkwürdigerweise herrschte zur gleichen Zeit Nordostwind, mit 30 bis 50 km/h, ebenfalls die Küste entlang Richtung Südwest. Die Trockenheit wurde erstmals am 24. Oktober in Bar Harbor (Maine) mit 50 mm Regen durchbrochen.«

»Weatherbee» von Radio Boston meldete am 24. Oktober:

»Keine Trockenheit in Bar Harbor (32 Kilometer von Hancock), 50 Millimeter Niederschlag.«

Nach Angaben von Radio Boston wanderte der Regen von Boston aus *nordostwärts*, während der Wind mit 30 bis 40 km/h aus Nordost in Richtung Südwest wehte.

Nach meinem Plan sollte es in Orgonon trocken bleiben und gleichzeitig nur an der Küste regnen, wovon der Mitarbeiter an der Küste nichts wußte. Er wußte auch nichts von der experimentellen Fragestellung, die sich bei beiden Operationen bezüglich der Existenz des nordöstlichen galaktischen OR-Energiestromes stellte.

Während es in Bar Harbor ergiebig regnete, aber nicht schüttete, litt Boston weiter unter der Trockenheit und meldete trokkenfallende Brunnen. Ebenso blieb es in Orgonon – hier war die Wassersituation ähnlich – den 24. Oktober über sonnig. Die sonst ergiebige Quelle »Mingo Spring« war vollständig ausgetrocknet.

Dann, am 24. Oktober 1953, zwei Tage nach OROP HANCOCK, zog ich von 14:00 Uhr bis 14:30 Uhr *nach Regen*, wieder von Nordost *nach* Südwest, in der Absicht, die Trockenheit in Orgonon zu durchbrechen. Es gelang: Am 25. Oktober, frühmorgens um 3:00 Uhr, kam ein kräftiger Ostwind auf. Nicht lange danach war der Himmel vollständig mit schweren Regenwolken bedeckt. Aber es regnete nicht. Am Vormittag des 25. kam wieder die Sonne durch. Um 11.00 Uhr registrierten wir Sonne und Trockenheitswolken. Doch um 16:30 Uhr zogen von Osten her dunkle Wolkenbänke auf, offenkundig eine verspätete und indirekte Folge der ostwestlichen Ziehoperation vom 22. Oktober. Starker stundenlanger Regen setzte ein; um 21:30 Uhr an diesem 25. Oktober goß es in Strömen. Am 26., 27. und 28. Oktober gab es weitere starke Niederschläge. Am 29. Oktober regnete es in ganz Neuengland. Der Regen zog in dieser Zeit aus *NO nach SW*. Die Ziehrichtung NO nach SW hatte sich als wirkungsvoller erwiesen als die ostwestliche Richtung.

Überall füllten sich die Brunnen wieder, und die Farmer mußten nicht mehr das Wasser für ihre Herden in Kübeln von den Seen herbeischaffen. In einem Wetterbericht bezeichnete ein Meteorologe den Regen als »ungezogen«, weil er die Winde aus Nordost und Ost *in nordöstliche Richtung* zog. Ein solches Verhalten der Elemente mußte in der Tat jedem, der nur geregelte Abläufe kennt, »ungezogen« erscheinen. Dafür hatte aber der Orgonomist die Genugtuung, dieses Verhalten erklären zu können:

1. Die Windrichtungen aus NO bis O stimmten mit unserer Ziehrichtung überein, selbst als die nordöstliche Luftströmung die östliche überwog.
2. Die OR-Operation war der Richtung des galaktischen OR-Energiestromes *entgegen*gerichtet. Den orgonomischen Gesetzmäßigkeiten zufolge bedeutete das, daß sich *im SW der Operationsbasis* ein hohes Potential aufbauen mußte. Das war auch der Fall, als es in Bar Harbor, südwestlich von Hancock, zu regnen anfing.
3. Wir hatten jedoch nicht damit gerechnet, daß sich *entlang der Küste in Richtung New York und Philadelphia wie eine Kettenreaktion oder Staffette* ein Unwetter nach dem anderen bilden würde. Abbildung 18 veranschaulicht dieses aufs Schönste einer Regelhaftigkeit gehorchende Verhalten in der Sequenz der OR-Potentiale. Ein Unwetter folgte dem anderen. Nacheinander kamen sie mit ihrem Regen von Nordosten her aus der gleichen Richtung wie der Wind und entgegen der Richtung des galaktischen OR-Stromes.

Wir operieren hier mit Naturgesetzmäßigkeiten, die weit über das gesicherte Schulwissen hinausreichen. Wir sind sozusagen dabei, uns im Dunkeln einen steilen Berghang hinaufzutasten, und setzen dabei unseren Fuß auf viele Stellen, von denen wir annehmen, sie seien sicher. Wir können uns bei dem, was wir tun, auf keine Vorbilder stützen. Daher sind Vorsicht und zu-

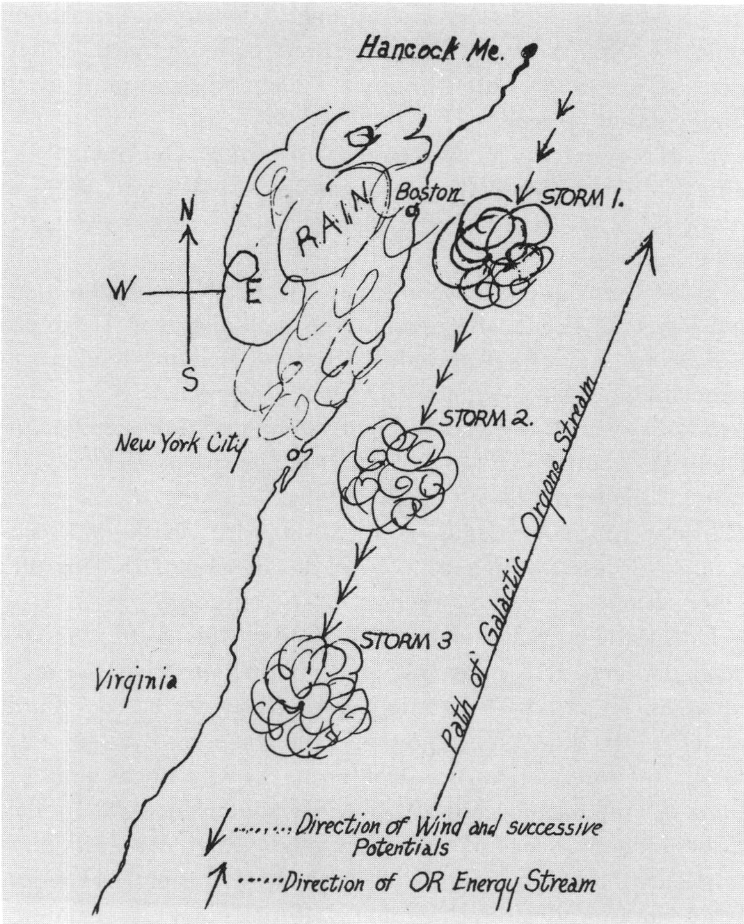

Abb. 18: OROP *Galaktischer Strom*
(Rain – Regen / Storm – Gewitter / Path of Galactic Orgone Stream – Richtung des galaktischen Orgon-Stroms / Direction of Wind and successive Potentials – Windrichtung und aufeinanderfolgende Potentiale / Direction of Or Energy Stream – Richtung des Or-Energie-Stroms)

gleich Mut die allerersten Forderungen, die wir an uns stellen müssen. Ohne Vorsicht wären unsere Anstrengungen vergeudete Mühe. Ohne Mut würden wir nicht weiterkommen. Ich meine damit folgendes:

Im *U.S. News and World Report* wurde am 25. Dezember 1953 eine Karte veröffentlicht, die eigentümliche Wetterabläufe in den USA zeigte; das war zwei Monate nach der OROP »Galaktischer Strom«.

Wenn man ein Lineal so über die Karte der Vereinigten Staaten legt, daß es von der texanischen Golfküste zur Achse des Staates Maine verläuft, erhält man einen Neigungswinkel von rund 62 Grad zum Äquator. 62 Grad entsprechen genau dem Winkel zwischen der galaktischen Ebene und dem Erdäquator (siehe die Erörterung dieses Punktes in *Die kosmische Überlagerung*). Er entspricht auch der generellen Richtung, die tropische Wirbelstürme einschlagen, wenn sie den für sie charakteristischen Nordostkurs nehmen. Auch die meisten Tornados und Überschwemmungen haben dort ihren Ursprung.

Die amtliche Karte der »Niederschläge bis Mitte Januar« zeigt deutlich eine Zone mit ungewöhnlichen Niederschlagsmengen, die praktisch parallel zur Ostküste der USA verläuft, zudem entlang dem ausgeprägten Knick nach Südwest, den die Küste in Höhe von North Carolina macht. Die Karte zeigt außerdem unterdurchschnittliche Niederschlagsmengen in den Wüstenregionen des Westens, zwischen Regionen mit überdurchschnittlichen und solchen mit etwa normalen Niederschlägen. Das alles vermittelt den Eindruck einer Gesetzmäßigkeit und kann schwerlich Zufall sein. Die Karte gibt ziemlich genau das Bild der Dürresituation im Herbst 1953 wieder, mit Regen entlang der Ostküste, im Nordosten des Landes, und gleichsam stufenweise zunehmender Trockenheit in Richtung Südwest.

Daß die Zone überdurchschnittlicher Niederschlagsmengen sich südwestwärts fortsetzt, stimmt eben mit der Richtung der

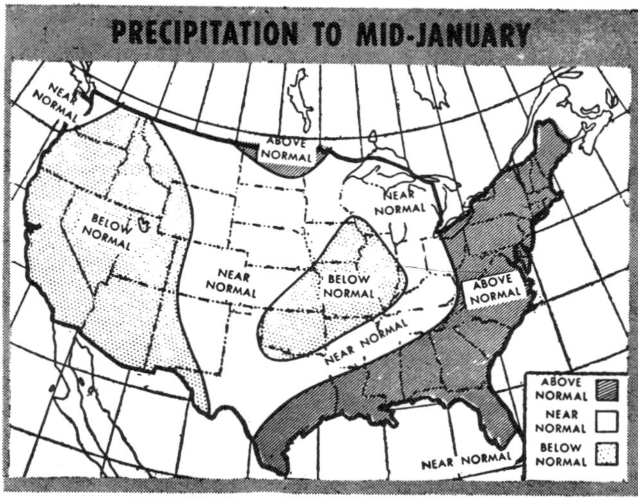

U. S. NEWS & WORLD REPORT, Dec. 25, 1953

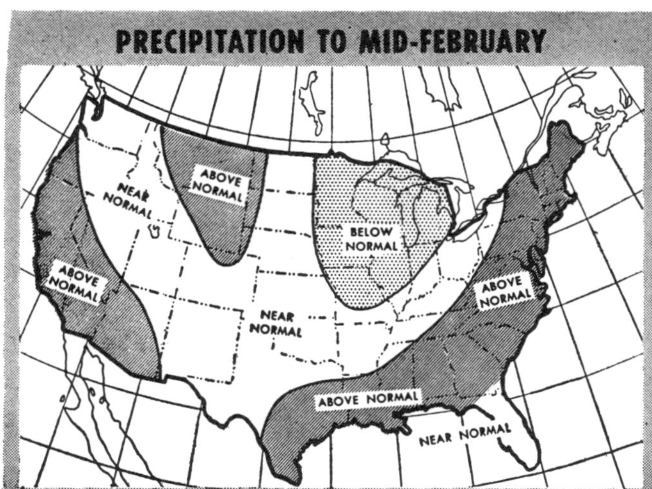

U. S. NEWS & WORLD REPORT, Jan. 29, 1954

Abb. 19: Niederschläge von Mitte Dezember 1953 bis Mitte Februar 1954

Niederschlagsgebiete auf der Linie des galaktischen Stromes in Richtung Südwest überein. Die Kettenreaktion konnte sich ohne weiteres in südwestliche Richtung fortpflanzen. Welche Wechselbeziehungen zwischen den beiden Karten im einzelnen bestehen, ist natürlich noch unklar, aber sie sind eine Richtschnur für die künftige Forschung:

Bei der ORANUR-WETTERBEEINFLUSSUNG werden wir notwendigerweise im Auge behalten müssen, welche Beziehungen bestehen zwischen

a. *den Hauptströmungsrichtungen der atmosphärischen OR-Ströme;*
b. den Hauptziehrichtungen bei ORANUR-Wetteroperationen und
c. den geplanten oder ungewollten Veränderungen bei der Wetter- und Klimagenese infolge der technischen Beeinflussung der OR-Hülle der Erde.

Wir müssen uns auch der Tatsache bewußt sein, daß infolge möglicher Kettenreaktionen Cloudbusteroperationen eine ziemlich weitreichende, hunderte Kilometer gehende Wirkung haben können.

Der letztgenannte Umstand gibt Anlaß, ernsthaft über mögliche Schäden nachzudenken, die einer ahnungslosen Bevölkerung entstehen könnten, wenn nicht bald entsprechende Regelungen für ORANUR-Wetterbeeinflussungsoperationen wirksam und von Verwaltung und Bevölkerung dann auch effektiv befolgt werden.

2. Raumschiffe und Raumprobleme

Die Operation »Galaktischer OR-Strom« hatte die ungeheure Kraft eines einzelnen Cloudbusters demonstriert, der aufgrund unseres Wissens über die kosmischen OR-Ströme zum Einsatz gebracht werden konnte. Was es bedeuten würde, wenn solche

Geräte in falsche Hände gerieten, darüber waren wir uns sogleich im klaren. Die Gesetzesvorlagen der Eisenhower-Administration, deren Ziel mehr Sicherheit in der Wetterbeeinflussung war, wurden daher von uns sehr begrüßt.

Diese Operation hatte auch deutlich gemacht, wohin weiteres Experimentieren führen würde. Um zeigen zu können, welche KOSMISCHEN Funktionen für OROP WÜSTE eine Rolle spielen, würde es erforderlich sein, eine ganze Reihe experimentell und deduktiv gewonnener Belege vorzuweisen, eine Aufgabe, die bei passender Gelegenheit erledigt werden muß. Hier müssen wir uns mit einigen kurzen Andeutungen begnügen:

Wetterbeeinflussung auf der Grundlage von ORANUR führt über den Bereich unseres Planeten hinaus in kosmische Vorgänge. Mit anderen Worten, hier spielen interplanetarische und intrakosmische Beziehungen im weitesten Sinn eine Rolle.

Das bringt uns zum Ausgangspunkt dieses Berichts zurück: zum Problem der Raumschiffe und zu den Raumproblemen.

Es ist unmöglich, hier die ganze Geschichte der orgonomischen Forschung im Bereich der kosmischen Funktionen wiederzugeben. Ich werde statt dessen erzählen, wie mein Interesse am Phänomen der *fliegenden Untertassen* geweckt wurde.

Vor zehn bis vierzehn Jahren, 1940 bis 1944, kurz nachdem ich die OR-Energie in der Atmosphäre entdeckt hatte, gewann ich allmählich eine Vorstellung von den kosmischen Implikationen dieser Entdeckung. Physikalische Pendelexperimente (1944) führten – mit der objektiven Funktionen eigenen spontanen Logik – zu *orgonometrischen Gleichungen*, die bestimmte numerische Relationen innerhalb der kosmischen OR-Funktionen betreffen. Heraus kam eine *Pendelgleichung*:

$$\ell . t^{-2} \;ǂ\; 100$$

Ferner eine *Gleichung für massefreie Energie*:

$$\mathcal{E}_{or} \;ǂ\; p.W \;ǂ\; \ell c . \lambda s \;ǂ\; \lambda^{3} s^{2}$$

In einem deutschsprachigen Manuskript versuchte ich damals Details auszuarbeiten. Schließlich wanderten die Gleichungen samt Manuskript und einigen Tabellen ins Archiv, und zwar aus folgendem Grund: Ich hielt es nicht für sinnvoll, mathematische Gleichungen zu publizieren, solange sie nicht durch *physikalische Beobachtungsdaten und Experimente* bestätigt waren. Ich hatte mir das in der Zeit zur Pflicht gemacht, als ich die physikalischen Phänomene der atmosphärischen und kosmischen Energie, die das Universum erfüllt, entdeckte. Damals verglich ich meine empirischen Beobachtungen mit den rein abstrakten mathematischen Formulierungen, die einen leeren Raum postulierten, den »Äther« für nicht existent erklärten und – als theoretischer Notbehelf auf dürftiger Faktengrundlage – nicht nur den Weg zu weiterer empirisch-physikalischer Forschung verbauten, sondern auch einem wahrhaft umfassenden Verständnis der primordialen kosmischen Energie im Weg standen.

Die fundamentale Bedeutung, die dieser Gegenstand für das Verständnis der »Besucher aus dem Weltraum« hat, möge meine unverblümte Sprache entschuldigen.

Ich habe also viele Jahre auf weitere empirische Entwicklungen gewartet. Diese Entwicklungen bahnten sich an, als ich nach dreijähriger Unterbrechung (1944–1947) mit der im *Oranur-Experiment* geschilderten Arbeit an *Vakua* (»VACOR«) begann. Damals befand sich auch der OR-Energie-Motor in der Entwicklungsphase. Ich berichtete darüber in der ersten Ausgabe des *OEB*, im Jahre 1949.

Auf die Existenz eines »Untertassen«-Problems wurde ich um 1950 aufmerksam. Ich hatte ihm nie viel Beachtung geschenkt. Die Vorstellung, daß es Besucher aus dem Weltall geben könnte, erschien mir ganz und gar nicht befremdlich. Weshalb sollte einzig die Erde von intelligenten Wesen bewohnt sein? Für eine solche Annahme gab es keinen anderen Grund vielleicht die Eitelkeit eines Homo divinus oder Homo sapiens.

Der Solipsismus unter den Menschen war ein nur allzu bekanntes Phänomen und stammte aus einer erst 400 oder 500 Jahre zurückliegenden Zeit voller phantastischer Grausamkeiten, einer Zeit, die die Erde für eine flache Scheibe und dazu noch für den Mittelpunkt des Universums gehalten hatte, wo der Mensch sich im Brennpunkt der göttlichen Aufmerksamkeit wähnte.

Daß Raumschiffe zur Erde kamen, war somit nichts »Neues«. Ich hatte davon zuweilen im Radio gehört. Aber das stand nie im Zentrum meiner Aufmerksamkeit, obgleich Freunde mir erzählt hatten, daß 1951 *fliegende Untertassen* in der Nähe von Orgonon gesichtet worden seien: Selbst als ich im August 1952, als ich auf der Vorderveranda meines Sommerhauses in Orgonon stand, etwas vorbeisummen hörte, das binnen weniger Sekunden den gesamten Himmel vom südwestlichen zum nordöstlichen Horizont durchquerte, schenkte ich dem wenig Beachtung.

Wirklich geweckt wurde mein Interesse am Untertassen-Problem durch die folgenden Ereignisse, über die ich im zweiten Kapitel bereits kurz berichtet habe:

Die schwarze Substanz, die seit April 1952 über Orgonon niedergegangen war und die wir *»Melanor«* nannten, hatte uns zu schaffen gemacht. Alle Anzeichen deuteten darauf hin, daß dieses Melanor aus dem Weltraum stammte (siehe »The Blackening Rocks«, *OEB*, 1953). Doch erst im November 1953, als ich den Keyhoe-Report las, bekamen diese Dinge für mich einen Sinn.

Was ich über die Eigenschaften fliegender Untertassen erfuhr – *Geräuschlosigkeit, bläulich schimmerndes Licht, rotierende Scheiben* –, fügte sich gut zu einigen Dingen, die mir aufgrund der Funktionen kosmischer OR-Energie wohl vertraut waren: Funktionen wie das geräuschlose Arbeiten, das ich während der Experimente mit dem OR-Motor in den Jahren 1947 bis 1948 bemerkt hatte, oder das blaue Leuchten in Vakuumröhren von

0,5 Mikron Druck. Die bekannten orgonometrischen Funktionen kamen eine nach der anderen wieder zum Vorschein, besonders diejenigen, die mit der Gravitationsgleichung zusammenhingen:

$$g_{kr} \not= \ell . t^{-2} \not= 100$$

Tatsachen, die diese Abstraktionen untermauern konnten, schienen nunmehr vorzuliegen, und zwar in einem merkwürdig *praktischen* Zusammenhang. Die Dinge fügten sich weiter zusammen. Eine Funktion nach der anderen paßte mit dem zusammen, was ich über die »unidentifizierten Flugobjekte« gelesen hatte. Das vollständige Bild, wie es sich heute darbietet, sieht folgendermaßen aus:

1. Die CORE-Menschen (core = cosmic orgone engineering), wie ich sie genannt habe, waren offensichtlich mit den im kosmischen OR-Ozean herrschenden Funktionsgesetzen völlig vertraut, insbesondere mit der Gravitation als einer Funktion der Überlagerung.
2. Sie nutzten für den Antrieb ihrer Maschinen die kosmische OR-Energie.
3. Ihr »blaues Licht« paßte zur blauen Farbe, wie sie für alle sichtbaren OR-Phänomene charakteristisch ist, für den Himmel, das Protoplasma, das Polarlicht, die Sonnenflecken, für die in der Abenddämmerung erkennbaren Mondgebirgstäler, die Farbe des orgonotischen Leuchtens in »Vacor-Röhren« usw.
4. Die Farbveränderungen von blau nach weiß oder rot usw. kannte ich gut von verschiedenen Untersuchungen von OR-Phänomenen und hatte sie einige Male in Vacor-Röhren direkt vor mir beobachtet.
5. Die CORE-Menschen »ritten« offensichtlich mit ihren Raumschiffen auf den großen OR-Strömen des Universums (siehe *Die kosmische Überlagerung*).
6. Die ungeheuren Geschwindigkeiten, die sie erreichten, stan-

den keineswegs im Gegensatz zu den ungeheuren Größenordnungen, auf die ich bei meinen Berechnungen zu den OR-Strömen des Universums in den Jahren 1940 bis 1944 gekommen war. (Es herrschen hier noch viele Lücken und Ungewißheiten. Die Tabellen mit dem kr^x-Zahlensystem befinden sich in meinem Besitz.)

7. Geschwindigkeiten von 15 000 oder 25 000 km/h schienen in Anbetracht dieser Zahlen nicht unmöglich; im Gegenteil: Sie schienen geradezu selbstverständlich.
8. Sie ließen ihre Scheiben im Einklang mit den OR-Wellen rotieren, auf denen sie »ritten«. Rotierende Scheiben beschreiben exakt jene Bewegungen, die ich schon vor zehn Jahren als »Kreiselwellen« (KRW) berechnet hatte, ohne damals irgendeine Ahnung von Raumschiffen zu haben, die auf kosmischen OR-Wellen reiten. Aus diesen Wellen leitete ich damals meine Gleichung für massefreie Energie ab:

$$\mathcal{E}_{\sigma} \neq \lambda^3 s^2$$

Alles paßte gut ineinander, fast zu perfekt für meinen Geschmack. Ich zögerte daher, irgend jemandem etwas davon zu erzählen. Ich machte mir lediglich Sorgen darüber, was mit den Erkenntnissen und Gleichungen geschehen sein mochte, die sich einer meiner Schüler 1947 bis 1949 angeeignet hatte. Er hatte am OR-Energie-Motor gearbeitet und war 1949 unter rätselhaften Umständen verschwunden.

9. Ebenso wie der Raum nicht leer ist, kommt Licht nicht »von den Sternen und von der Sonne zu uns«. Es ist vielmehr eine Folge des Erstrahlens der OR-Hülle der Planeten. *Es ist ein lokales Phänomen.* Daher gibt es in kosmischen Räumen theoretisch keine Grenze für die Geschwindigkeit, allenfalls eine technische. Dies stimmt mit der scheinbar grenzenlosen quantitativen Steigerbarkeit von Energiefunktionen überein, die das orgonometrische »kr^x-System« mit seinen geometrischen Progressionen charakterisiert. Diese orgonometrischen

Berechnungen sind, so scheint es, auf die technischen Probleme der kosmischen OR-Ströme anwendbar.

Es gibt Momente in der Geschichte der Menschheit, in denen die gerade aktuellen Themen plötzlich bedeutungslos werden, in denen jede einzelne lebendige Seele gleichsam von der Ewigkeit eingeholt wird. Das Jahresende 1953 war ein solcher Moment.

Anhang A
Regeln für das Cloudbusten

1. Versuche nie, jemandem mit Cloudbusten zu imponieren.

2. Regenmachen und Cloudbusten tut man nicht zum Spaß. Die OR-Hülle, mit der du zu tun hast, wenn du der Atmosphäre Energie entziehst, ist ein energetisches Kontinuum von hoher Potenz. Du könntest einen Wirbelsturm auslösen. Du könntest einen Waldbrand in eine falsche Richtung treiben. Du könntest unbeabsichtigt andere Schäden anrichten. Tue nie etwas, das nicht zwingend notwendig ist.

3. Beim Experimentieren ist es wichtiger, zu beobachten und zu verstehen, was man tut und warum, als unmittelbare Ergebnisse zu erzielen. Ein langsam reifendes Verständnis wird später zu verläßlichen Resultaten führen.

4. Beim Cloudbusten wird kein Regen »erzeugt« und werden keine Wolken »zerstört« – kurz, man spielt nicht Gott. Man hilft der Natur nur etwas in ihrem natürlichen Ablauf nach.

5. Sorge dafür, daß deine Gerätschaften, dein Fahrzeug usw., insbesondere alle metallischen Teile, in Wasser gut geerdet sind, möglichst in fließendem Wasser. Mangelnde Erdung gefährdet den Organismus.

6. Sorge dafür, daß die Arbeiter sofort mit dem Ziehen aufhören, wenn sie sich im Gesicht bläulich oder violett verfärben oder wenn ihnen schwindlig wird. Wechsle sie aus; sie sollten sich in sicherer Entfernung ausruhen und dabei Gesicht und Arme ständig mit frischem Wasser benetzen.

7. Vermeide es, während des Ziehens Rohre oder andere Metallteile anzufassen. Benutze stets einen isolierten Griff aus Plastik oder Holz, wenn du während des Ziehens mit Geräten hantieren mußt. Achte darauf, daß die Hände stets durch Gummi- oder dicke Baumwollhandschuhe gut isoliert sind.

8. Sorge mit entsprechend aufgestellten Warnschildern dafür, daß niemand schädliche OR-Ladungen abbekommt. Gestatte nicht, daß sich Zuschauer in unmittelbarer Nähe aufhalten. Es könnten kranke Personen darunter sein, die ihre Gesundheit gefährden.

9. Versuche nie, in den Himmel direkt über dir »ein Loch zu bohren«, es sei denn, du willst lang anhaltende Regenfälle herbeiführen.

10. Wenn du fühlst, daß infolge deines Tuns eine Brise oder Wind aufkommt, stelle das Ziehen ein, sobald der Wind zu stark wird oder sich gar Anzeichen eines Wirbelsturms zeigen.

11. Wenn du DOR-Wolken entfernen willst, *zieh in die Fließrichtung der OR-Hülle.*

12. Wenn du Wolken ZERSTÖREN oder Regen stoppen willst, *ziele auf das Zentrum der dichtesten Wolkenmasse.*

13. Wenn du Wolken verdichten willst, ziehe aus der Umgebung

der kleineren Wolken und lasse die großen oder dicken Wolken unberührt.

14. Wenn der Himmel wolkenlos ist und Wolken erzeugt werden sollen, störe die Ruhe oder Gleichmäßigkeit der OR-Hülle durch kurze, schwenkende Ziehaktionen *und ziehe dabei vorwiegend gegen die Fließrichtung der OR-Hülle.* Um Wolken zu bilden, mußt du OR-Potentiale unterschiedlichen Niveaus erzeugen.

Anhang B
Originalprotokolle* der ersten 97 Operationen zur DOR-Entfernung und Wetterbeeinflussung

* Die handschriftlichen Aufzeichnungen für den Zeitraum vom 2. Mai 1952 bis zum 10. September 1952 enthalten neben allgemeinen Angaben zum Wetter auch Notizen zu Ort, Richtung, Uhrzeit und Dauer der Operationen sowie zu den sich daraufhin einstellenden Effekten und Ergebnissen (Anm. d. Red.).

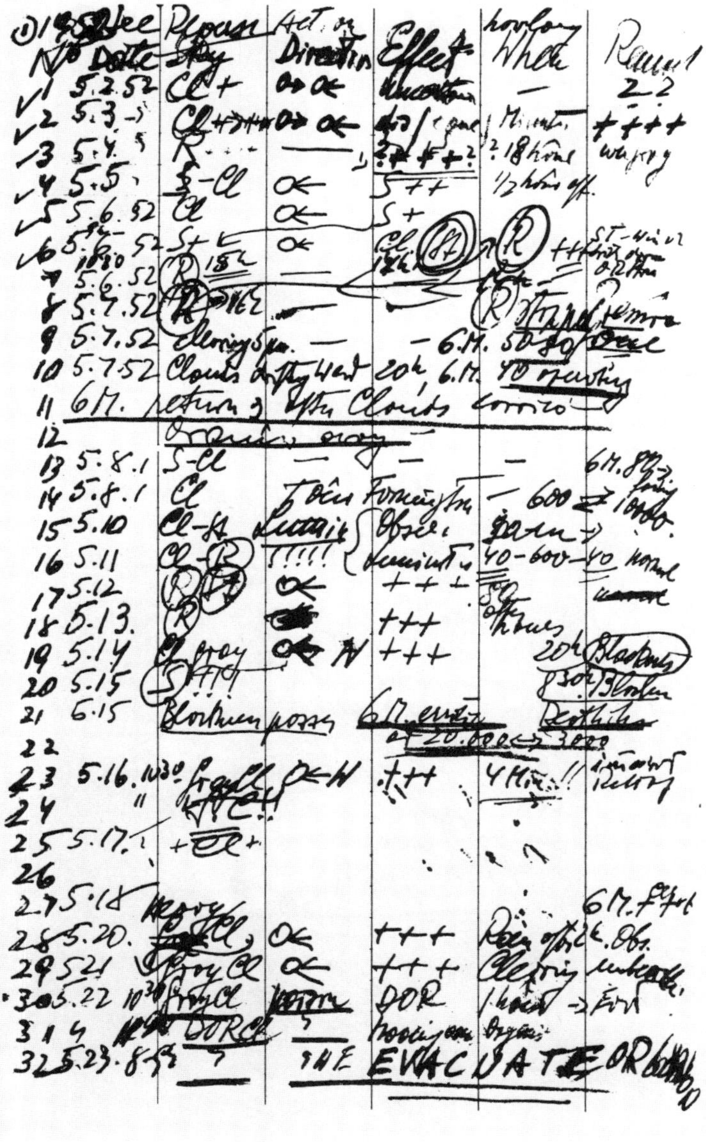
Date
Direction
Effect
how long
While
EVACUATE

N° Date	Sky	Action of DOR	Effect		Rem.
33 5.[illegible]	[illegible]	DOR	[illegible]		
34 5.[illegible] 9:30	Still	DOR	,		
35 5.25.52		DOR	2 hours		
36 5.25.2h	[illegible]	,		Light 6 feet [illegible]	
37				N → S. [illegible]	
38 5.25.	dull	DOR	[illegible]	Death [illegible]	
39 "	"	" +++	100-[illegible] 100-100.[illegible]	[illegible] CPM.	
40 5.26	[illegible]	[illegible] 880	+++ [illegible]		
41 5.27	SUN!!	Preparation of CORE I, [illegible]			
42 5.28	[illegible] S. → DOR	[illegible]	144 [illegible]		
43 5.28. 16h		DOR [illegible] DOR from Orgonon			
44					
45 5.28	high Clouds		+ + +		
46 – 19.5h		DOR [illegible]	++++ 2 hours		
47 5.29. 5h	[illegible]	[illegible]	5h –		
48 5.[illegible] 11–11.20		DF [illegible]	+++. 40-50.		
49 6 H.	Town and Observatory		NORMAL		
50 5.30 [illegible]	5h am	(11) [illegible] of Orgonon	50.000 [illegible]		
51	[illegible] 5 am	[illegible]	60 → 500		
52	[illegible] Lake, [illegible] Tree				
53 5.30.9.30	10.45	[illegible] place	15 M.		
54 5 [illegible]	CPM before	400-600			
55 → 5 H.	[illegible]	100 000 ++++			
56	[illegible]	[illegible] place, 3 [illegible]			
57 5.30	[illegible] place ([illegible])				
58	11 [illegible]	100 000 → 400-600			
59					
60					
61 6.1	Heavy Rain caused by [illegible]				
62 6.2.	[illegible]	OR – [illegible]			
63 6.3.	[illegible]	OR → DOR	11.45 – 12.45h +++		
64 6.4.52	Cl → R.	} normal 40-50 CPM			
6.5.5 – 5 am		[illegible]			

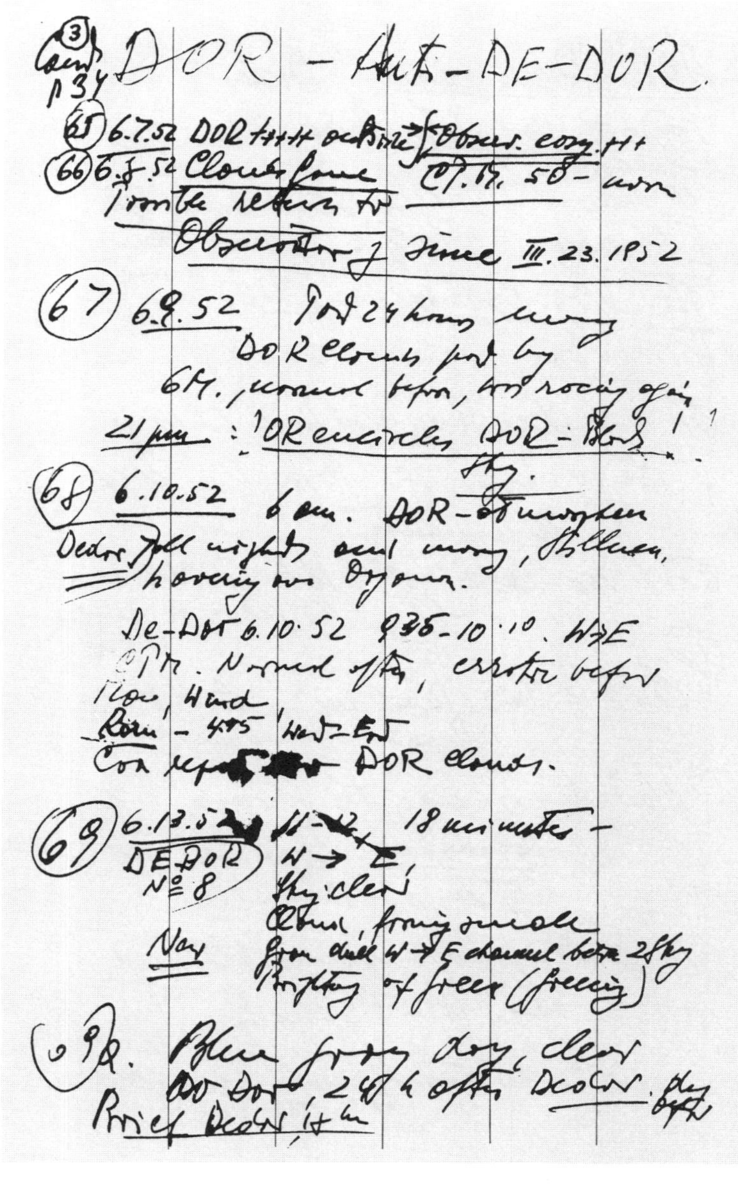
(3) cont. p 34 DOR – Anti – DE-DOR.

(65) 6.7.52 DOR ++++ outside → Obser. cozy +++
(66) 6.8.52 Clouds formed OT. 17. 50 – worn
Terrible return to
Observation of since III. 23. 1952

(67) 6.9.52 Good 24 hours morning
DOR clouds gone by
6 M., normal before, now rocking again
21 pm : DOR encircles DOR – Blue ! !
sky.

(68) 6.10.52 6 am. DOR – atmosphere
Dedor full nights and morning, stillness,
no rocking in Orgone.
De-DOR 6.10.52 9.35 – 10.10. W→E
OTr. Normal after, erratic before
Flow, Wind
Rain – 4.45 Wind – End
Con sep[illegible] DOR clouds.

(69) 6.13.52 11 – 12, 18 minutes –
DE-DOR No 8 W → E,
sky clear
Clouds, forming small
New from dull W → E channel between 2 sky
Brightening of freeze (freezing)

(9)Q. Blue grey day, clear
No Dor 24 h after DeDOR. Day after
Brief DeDOR it in

DOR-Removal, Dates

(70) 6.15 52, Heavy Th, W→E, Dissip. over Orgonon zone 'Stitch' felt
10–11 am Red blackened before Eyes.
T. Observed Hole in sky over Observatory
fully blackened mountains,
TH Obs. acts of Dissipation.
Dissipation

(71) 6.16 52 Clear Sky, Black DOR to Horizon
6³⁰–7³⁰ am Drew for Rotten Row W–E.
20 minutes.

(72) 6.17 52 see CORE PROT
17–18th (TH) dispersed at Rangeley Road.

(73)

6.24.52 DOR+Removal — at Ext.–Rt
Rangeley ++ three minutes E

(74) 6.26 52 Heavy TH Storms all
around Orgonon, no
TH at Orgonon
Stopping and Splitting
of TH-Clouds
Observatory heavily charged

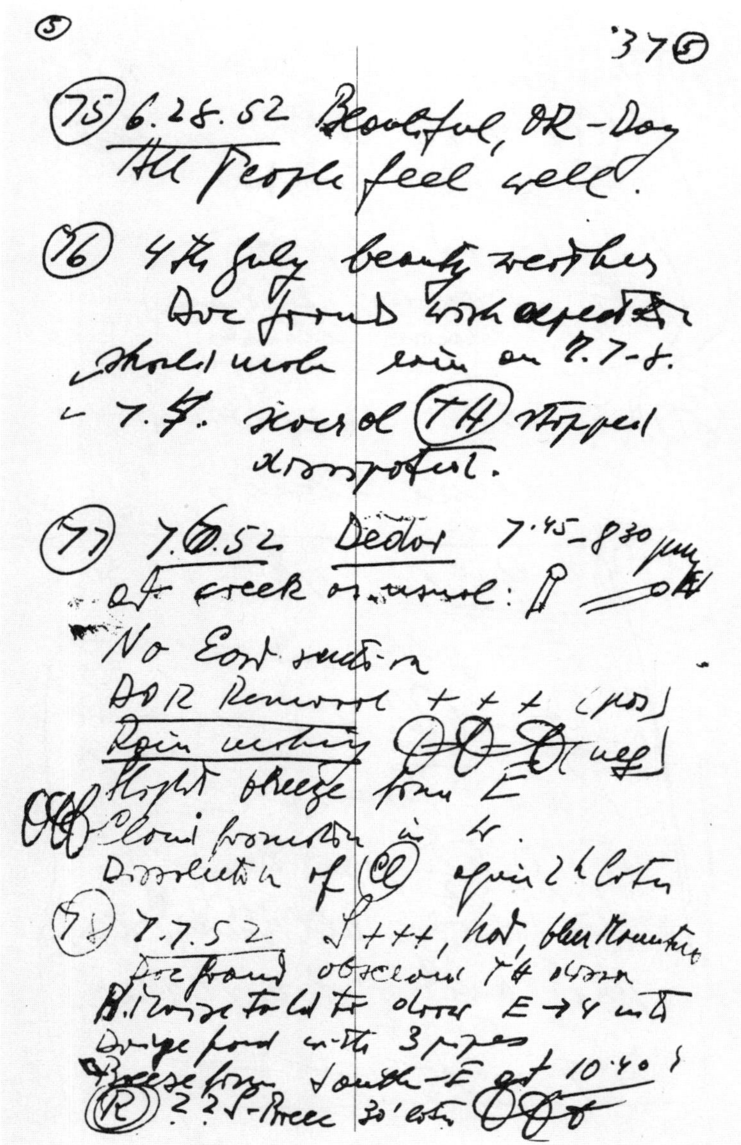
(5)

'37 (5)

(75) 6.28.52 Beautiful, OR-Day
All People feel well.

(76) 4th July beauty weather
Doc found with expectation
should make rain on 7.7-8.
c 7.5. Second (TH) stopped
disappointed.

(77) 7.6.52 Dedor 7.45–8.30 pm
at creek as usual: ok
No East suction
DOR Removal + + + (pos)
Rain making (neg)
Slight breeze from E
Cloud formation in W.
Dissolution of (Cl) again 2h later

(78) 7.7.52 S+++, hot, blue Mountains
Doc found obscure TH down
B. Rouse told to draw E → W with
Orange fond with 3 pipes
Breeze from South-E at 10.40 h
(R) 2 ? S-Breeze 30' later

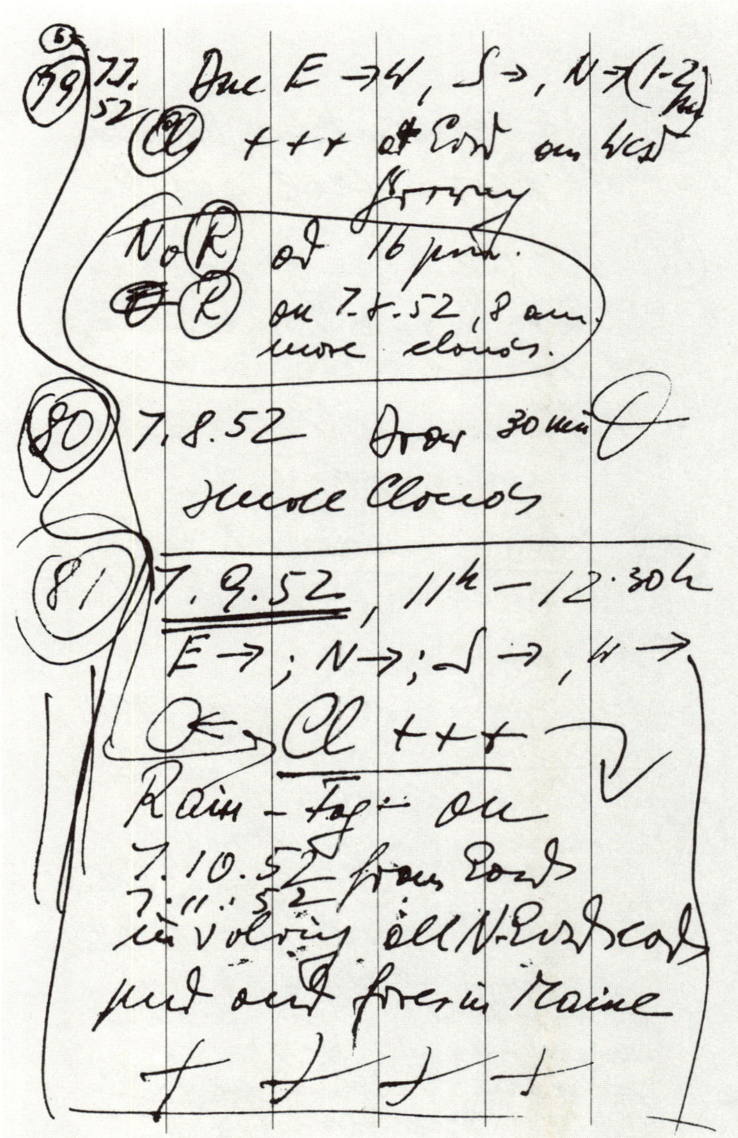

79 7.7.52 Drive E→W, S→, N→ (1-2 pm)
Cl +++ at East on West forming
No R at 16 pm.
R on 7.8.52, 8 am. more clouds.

80 7.8.52 Draw 30 min
more clouds

81 7.9.52, 11h – 12.30h
E→; N→; S→, W→
Cl +++
Rain – Fog on 7.10.52 from Road 7.11.52 involving all N-East coast and out from in Maine

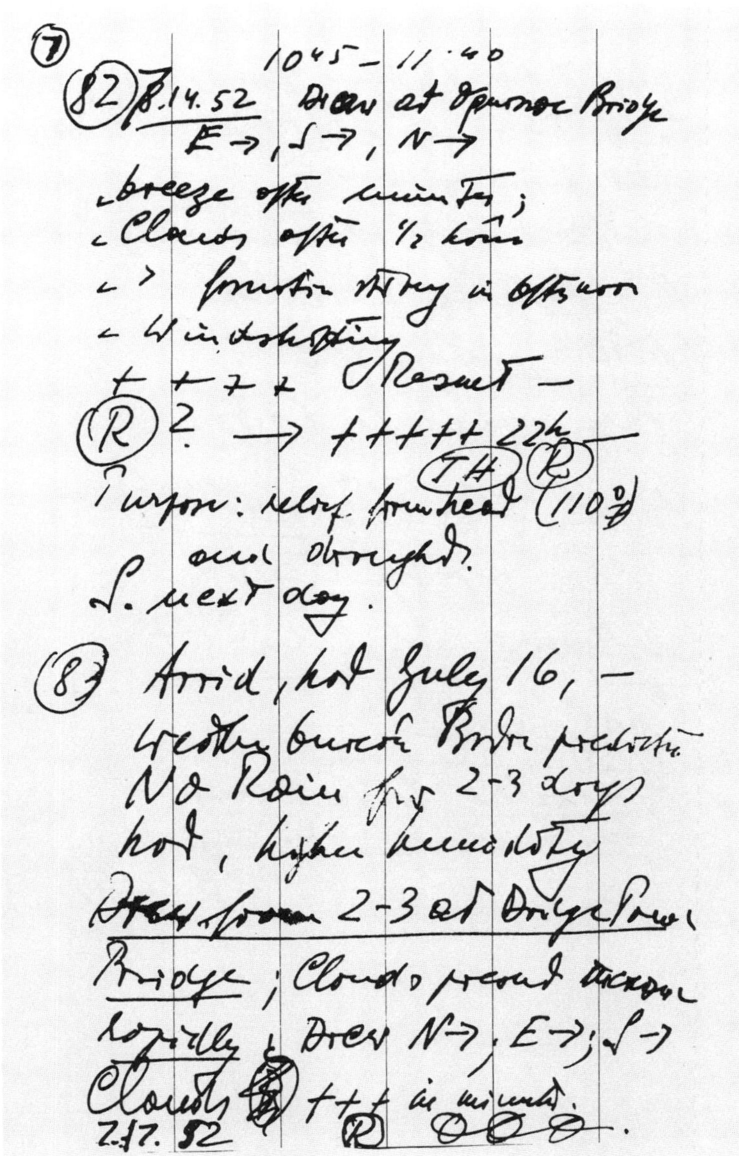
7

10⁴⁵ – 11·40

(82) 8.14.52 Drew at Orgonon Bridge

E→, S→, N→

– breeze after minutes;

– Clouds after ½ hour

– > formation strong in afternoon

– Windshifting

\+ + 7 + Result –

(R) 2. → +++++ 22h

TH (R)

Purpose: relief from heat (110°/0) and drought.

S. next day.

(83) Arrid, hot July 16, –

weather bureau Border prediction

No Rain for 2-3 days

hot, higher humidity

~~Drew from~~ 2-3 at Bridge Power

Bridge; Clouds around across rapidly; Drew N→, E→; S→

Clouds +++ in minute.

7.17.52 (R) ...

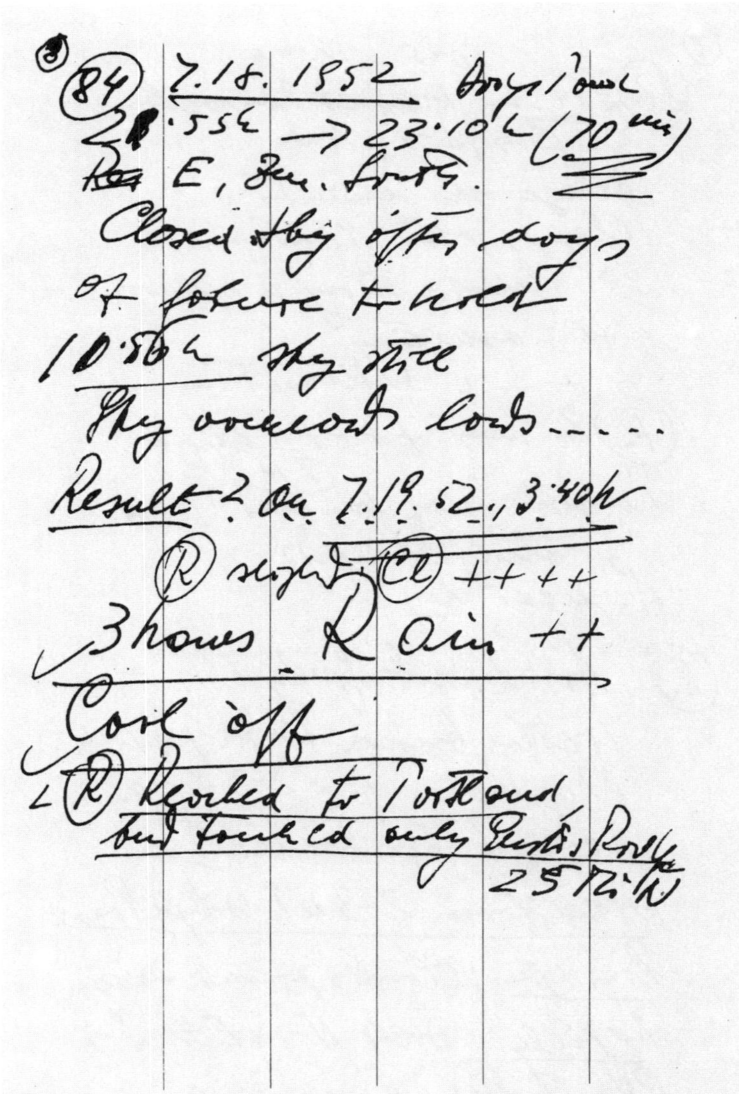

(3)

(84) 7.18.1952 [illegible]

22.55h → 23.10h (70 min)

E, [illegible]

Closed sky after days of failure to hold

10.56h sky still

Sky overcast clouds.....

Result: On 7.19.52, 3.40h

(R) slight, (Cl) ++++

3 hours Rain ++

Cool off

(R) Reported to Portland but touched only [illegible], [illegible] 25 mi N

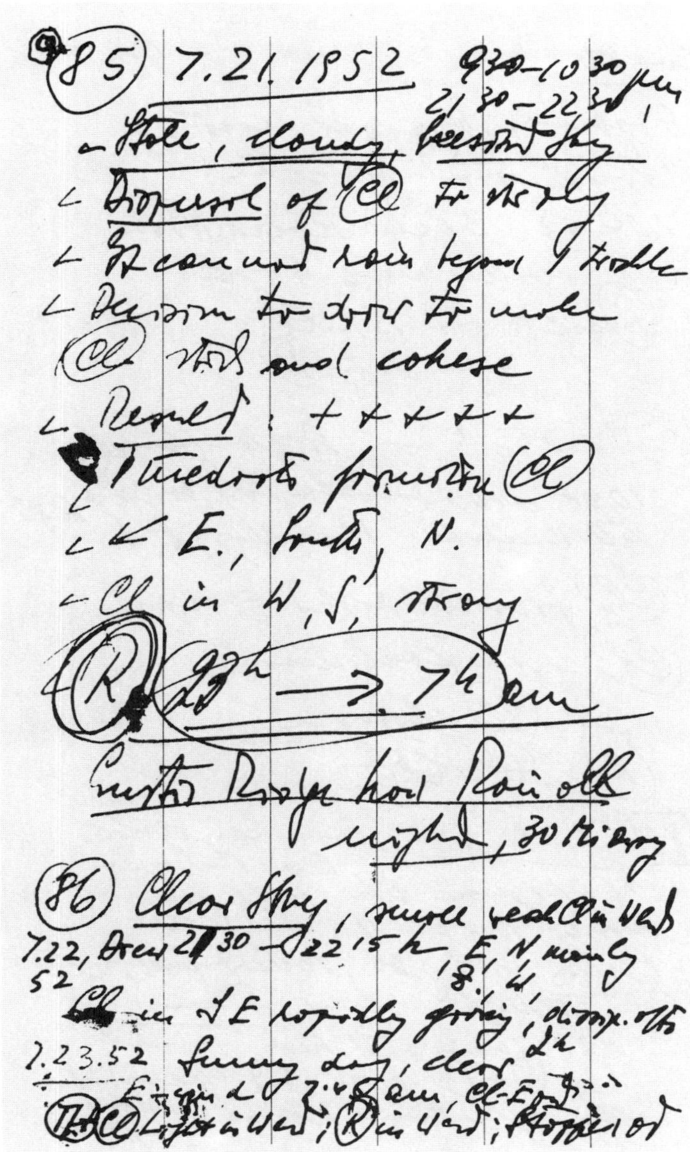
85 7.21.1952 930–1030 pm
2130–2230
Still, cloudy, overcast sky
Dispersal of Cl to study
First cannot rain beyond 9 trouble
Decision to draw to make
Cl stick and cohese
Result: + + + + +
Thunderclouds forming Cl
E., South, N.
Cl in W, S, strong
R 23h → 7h am
Continuous Rain ... Rain all
night, 30 ...
86 Clear sky, small ... Cl in West
7.22, Draw 2130–2215 h, E, N mainly
52 S, W,
Cl in SE rapidly growing, approx. at 2h
7.23.52 sunny day, clear
...
... Cl ... ; R in West; ...

(10) Con 86 40

Orgone, bypassed [illegible]
"frustration" score
7.24.52 3 am thunderstorm
20 minutes W→E
(R) Result ++ to the Cl.
– – to the (R)

(87) 7.25.52, Dodge-Rangeley
10:08 – 10:58 Lake End, bridge [illegible]
50 minutes; W→; N→; E↓.
(Cl) formation right away
(Cl) . [illegible] continues
12¼ (Cl) stronger
(R)

[88] 7.26.52 Dodge-Rangeley-Lake End bridge.
16–17 pm 8h, hot [illegible]
moving N-E-N.
Clouds within 30; [illegible] full, no (R)
(R) [illegible] night, slight, 5 min
(R) 7.27. 10 min, TH. heavy ++++
7.28 (R) + (TH) brief, but efficient +++
Cooling off – cumul. 80→65; (weather bureau 50 deg no R)

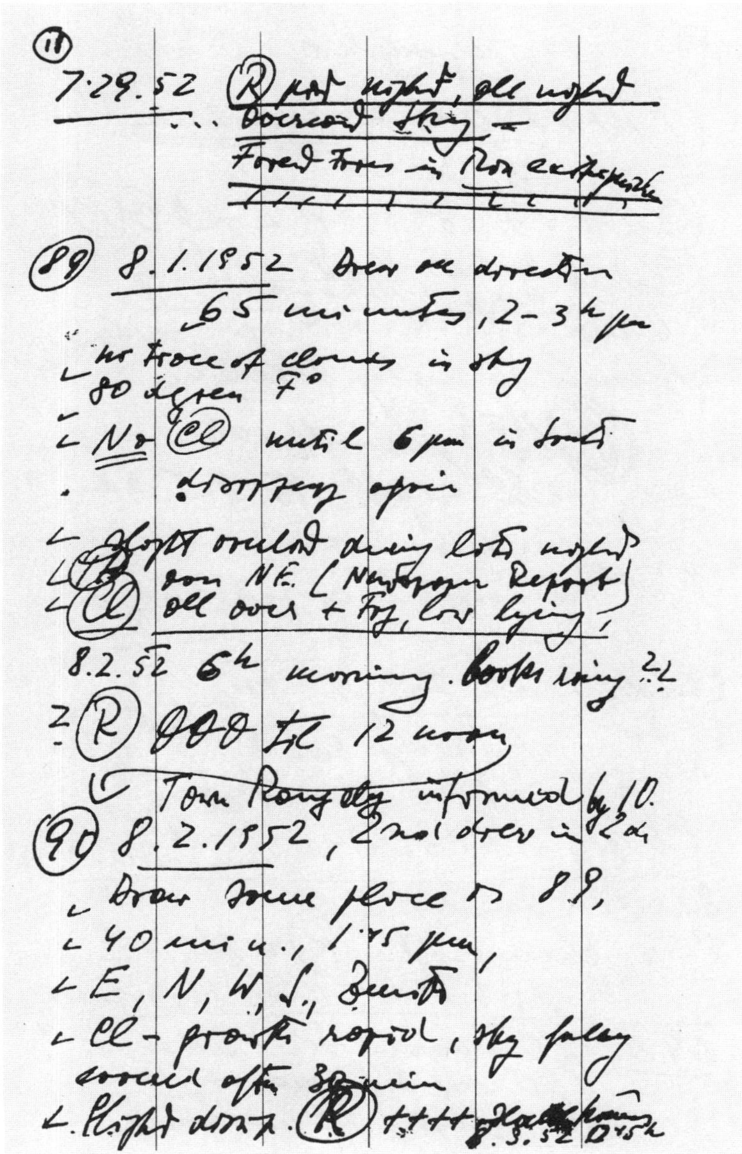
(11)
7.29.52 (R) past night, all night
... Overcast sky —
Found traces in [illegible]
(89) 8.1.1952 Draw on direction
65 minutes, 2–3h pm
no trace of clouds in sky
80 degrees F°
No (Cl) until 6 pm in South
dropping again
Slight overcast during late night
(Cl) from NE. (Newspaper Report)
(Cl) all over + Fog, low lying.
8.2.52 6h morning. Looks rainy ??
(R) 000 til 12 noon
Town Rangeley informed by 10.
(90) 8.2.1952, 2nd draw in 2 d.
Draw same place as 89,
40 min., 1:45 pm,
E, N, W, S, Zenith
Cl – growth rapid, sky fully covered after 30 min
Slight drizzle. (R) +++ [illegible] 8.3.52 [illegible]

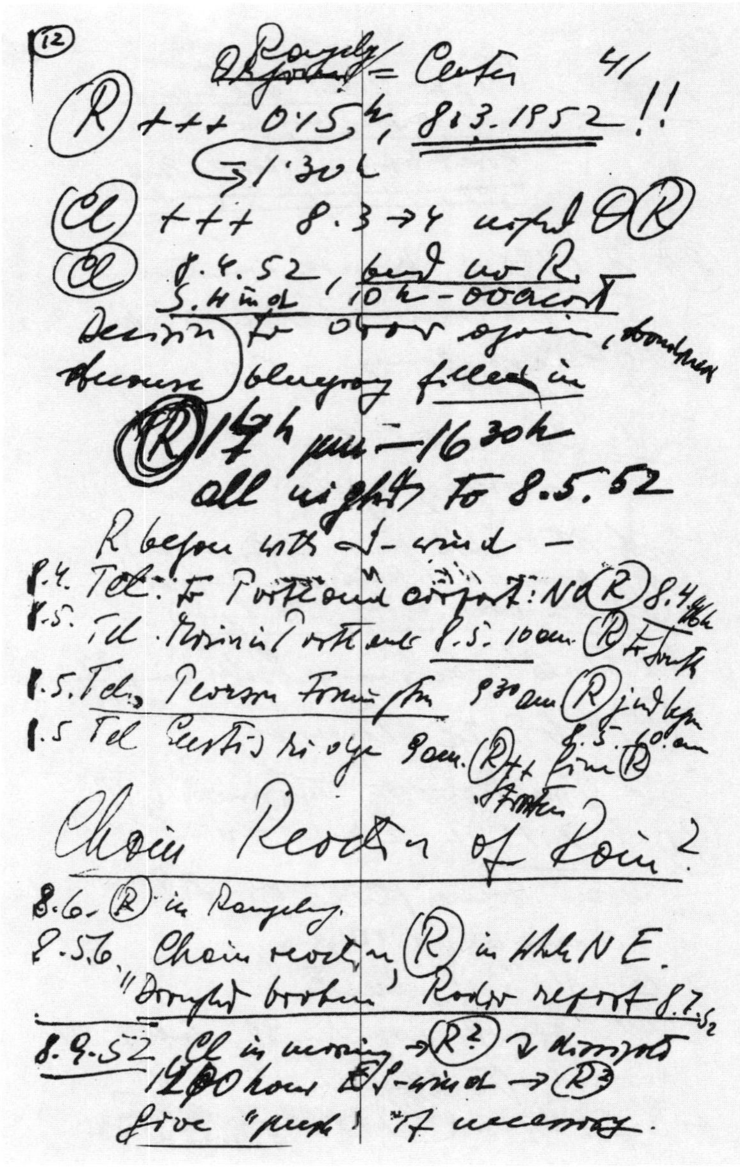
(12)

Rangeley / ~~Orgonon~~ = Center 41

(R) +++ 0'15h, 8.3.1952 !!

→ 1'30h

(Cl) +++ 8.3 → 4 [illegible] (R)

(Cl) 8.4.52, [illegible] R.

S. wind, 10h – OOR [illegible]

Decision to OOR again, [illegible]

because bluegray filled in

(R) 17h pm – 1630h

all night to 8.5.52

R before with S-wind –

8.4. Tel: to Portland airport: No (R) 8.4. [illegible]

8.5. Tel [illegible] 8.5. 10am (R) [illegible]

8.5. Tel. [illegible] 930am (R) [illegible]

8.5 Tel [illegible] 9am (R)++ [illegible] (R)

Chain Reaction of Rain?

8.6. (R) in Rangeley.

8.5.6. Chain reaction (R) in whole N.E.

"Drought broken" Radio report 8.7.52

8.9.52 Cl in morning → (R?) [illegible]

1200 hours [illegible] S-wind → (R?)

Give "push" if necessary.

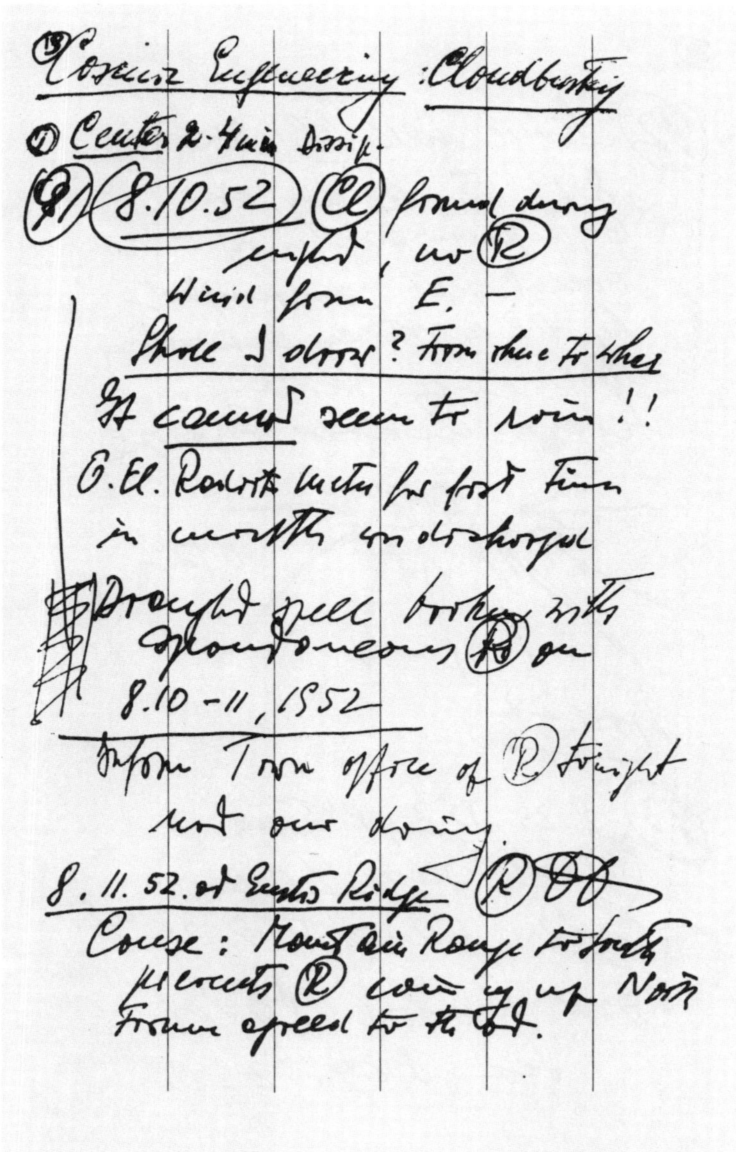
(13) Cosmic Engineering: Cloudbusting
(1) Center 2-4 min Dissip.
(8) 8.10.52 (Cl) formed during [illegible], no (R)
Wind from E. —
Shall I draw? From where to where
It cannot seem to rain!!
O.El. Radiation meter for first time in months undisturbed
Drought spell broken with spontaneous (R) on
8.10-11, 1952
Inform Town office of (R) tonight not our doing.
8.11.52. at [illegible] Ridge (R) OO
Course: Mountain Range to South precedes (R) coming up North
Front spread to the [illegible].

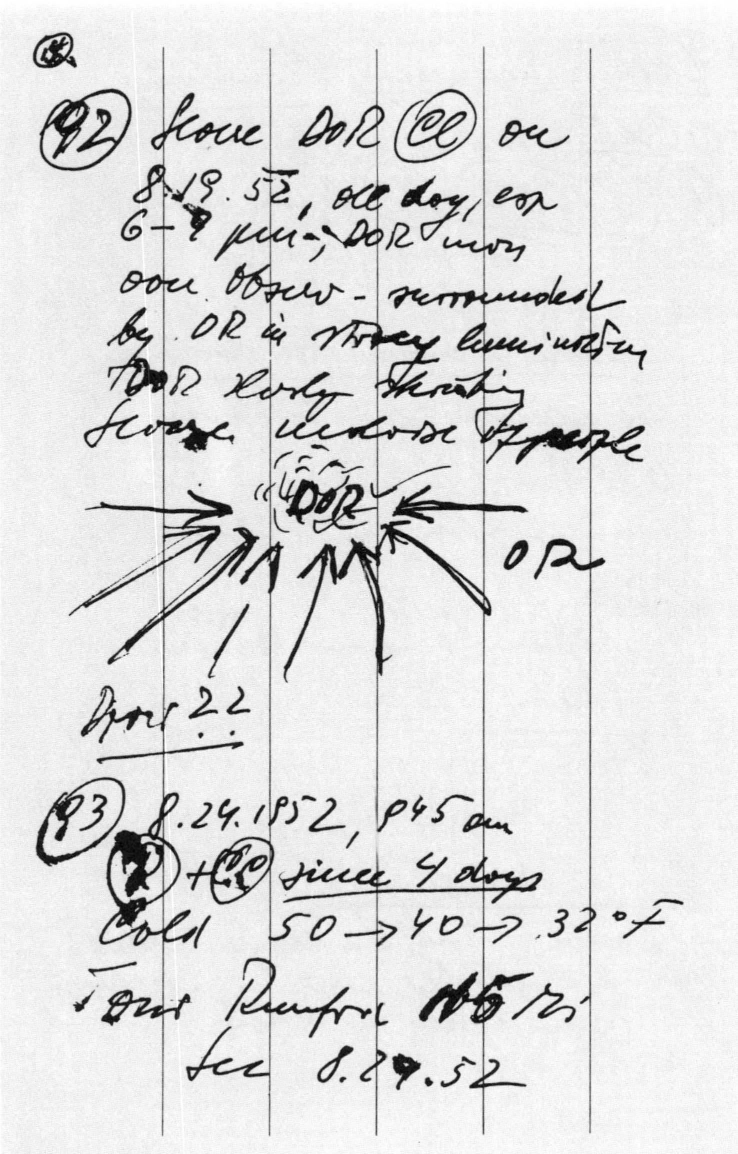
92 Storm DOR CC on
8.19.52, all day, esp
6–9 pm; DOR [illegible]
our Observ. – surrounded
by OR in strong [illegible]
DOR slowly [illegible]
Storm [illegible]
DOR
OR
[illegible] 22
93 8.24.1952, 945 am
[illegible] + CC since 4 days
Cold 50 → 40 → 32 °F
[illegible]
see 8.29.52

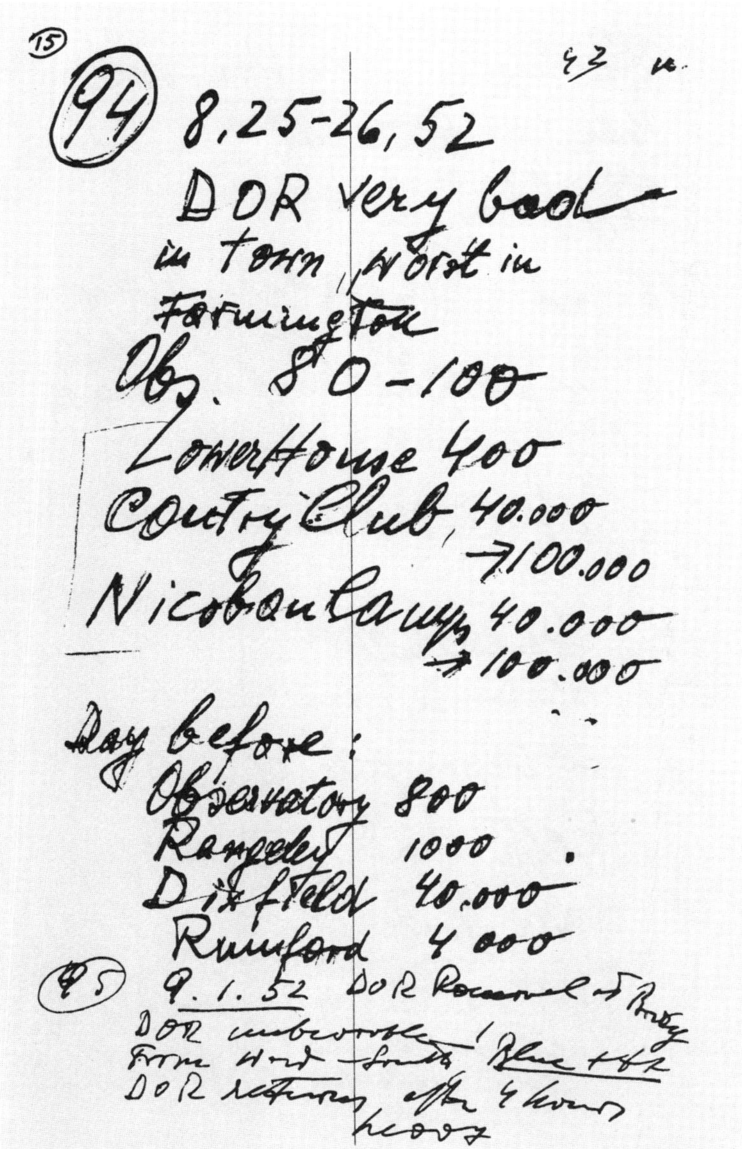
15
43 v.
94 8.25-26, 52
DOR very bad
in town, worst in
Farmington
Obs. 80-100
LowerHouse 400
Country Club 40.000
→100.000
Nicobaulaup 40.000
→100.000
Day before:
Observatory 800
Rangeley 1000
Dixfield 40.000
Rumford 4 000
95 9.1.52 DOR Removal [illegible]
DOR uncontrolled!
from Hard – South! [illegible]
DOR returning after 4 hours
heavy

(16)
Cosmic Engin. DOR – Removal

Medium – Effect Contr. of How
① DOR DOR
company Sidemen

(95 cont) (R) noted, strong
of 730 per ?? whole
weighted, need drop to Farrington
(R) again 9.3.52
But DOR persists –

(96) Deodorization
of Orgone Pond → from west
30 Orgone pool of DOR,
better than Quarter Ridge,
on 9.6.1952 — +++
Blue come quickly
(97) 9.10.52 T.R. draws at ORL office
causes 2 hour (R) and
great relief.

Anhang C
Ankündigungen und Stellungnahmen des Orgon-Instituts zu ORANUR, DOR und WETTERBEEINFLUSSUNG

1. Brief an den Forschungsrat der USA, Washington, D. C., vom 30. Januar 1952

Forschungsrat der USA
Washington, D. C.

30. Januar 1952

Geehrte Herren,
im Zusammenhang mit dem laufenden Oranur-Experiment (der erste Bericht wurde Ihnen am 29. November 1951 übersandt) würden wir gerne erfahren, welche Institution des amerikanischen Staates die zuständige Stelle wäre für unsere wichtigen Informationen über Beobachtungs- und Versuchsergebnisse im Zusammenhang mit der kosmischen Orgon-Energie.

In unserem Institut fallen ständig Beobachtungsdaten an, die im Augenblick nicht veröffentlicht werden können oder sollten, die aber doch bestimmten anderen Institutionen in mancherlei Hinsicht von besonderem Nutzen sein könnten. Informationen könnten wir in brieflicher Form erteilen.

Über Ihre baldige Antwort würden wir uns freuen.

Mit freundlichen Grüßen
Ilse Ollendorff
Laborassistentin

2. Brief an David H. Stevens, Commissioner, Department of Health and Welfare, Augusta (Maine), vom 9. Mai 1952

Mr. David H. Stevens, Commissioner
Department of Health and Welfare
Augusta, Maine

9. Mai 1952

Lieber Mr. Stevens,
Frau Grethe Hoff hat mir von den Gesprächen berichtet, die sie mit Ihnen über die Entwicklungen im Zusammenhang mit dem Oranur-Experiment geführt hat. Ich hielte es für das beste, wenn der Ingenieur, der letztes Jahr Orgonon besucht hatte, als Oranur noch in den Kinderschuhen steckte, Orgonon noch einmal besuchen würde. Es wäre wesentlich einfacher, die Dinge zu besprechen, als einen unvollständigen und wahrscheinlich mißverständlichen Bericht zu schreiben.

Würden Sie mich bitte wissen lassen, ob ein solches Treffen baldmöglichst zustande kommen könnte? Es würde mich sehr freuen, wenn Sie an einem solchen Gespräch teilnehmen würden.

Beiliegend finden Sie einige knappe Texte, die lediglich Ihrer ersten Orientierung über die Tragweite der Angelegenheit dienen sollen.

Mit freundlichen Grüßen
Wilhelm Reich, M. D.

3. Brief an David H. Stevens, Commissioner, Department of Health and Welfare, Augusta (Maine), vom 4. Juni 1952

Ministerium für Gesundheit und Soziales
des Bundesstaates Maine
Mr. David H. Stevens, Commissioner
Staatshaus
Augusta, Maine

4. Juni 1952

Lieber Mr. Stevens,
hiermit möchte ich Ihnen mitteilen, daß es mir gelingen wird, die gefährlichen DOR-Effekte über dem Gebiet von Rangeley zu entfernen (vgl. Sie *Das Oranur-Experiment, 1. Bericht*), und zwar durch Einflußnahme auf die Wolkenbildung und Wolkenbewegung. Die Ergebnisse werden wir alsbald veröffentlichen.

Wären Sie bitte so freundlich, den beiliegenden Durchschlag dieses Schreibens an die zuständige Stelle im nationalen Gesundheitsdienst weiterzugeben?

Mit freundlichen Grüßen
Wilhelm Reich, M. D.

4. Brief an das Büro des Präsidenten, Weisses Haus, Washington, D. C., vom 7. Juni 1952

Büro des Präsidenten
Weißes Haus
Washington, D. C.

7. Juni 1952

Meine Herren,
es tut mir leid, Sie ein weiteres Mal behelligen zu müssen. Die Vorgänge im Zusammenhang mit dem Oranur-Experiment haben sich jedoch verselbständigt und sind meiner Kontrolle entglitten.

Ich übersende Ihnen mit gleicher Post einen kleinen Behälter, der Proben verschiedener Mineralien enthält. Diese Mineralien haben sich von einem Tag zum anderen unter dem Einfluß hochgradiger Oranur-Aktivität sichtbar verändert. Ich empfinde es als meine Pflicht, Sie über diese Vorgänge auf dem laufenden zu halten. Es wurde mir und einigen anderen Personen in meiner Umgebung bekannt, daß sich Veränderungen ähnlicher Art auch im Gebiet von Forest Hills in New York gezeigt haben.

Mit freundlichen Grüßen
Wilhelm Reich, M. D.

AZ: 10363-ORANUR-129
per Einschreiben mit Rückschein

5. Brief an Fred J. Nutter, Landwirtschaftsminister des Staates Maine, vom 9. August 1952

[Der nachfolgende Brief wurde am 9. August 1952 an Fred J. Nutter, Landwirtschaftsminister des Staates Maine, Staatshaus, Augusta (Maine), geschrieben, nachdem schwere Regenfälle, hervorgerufen durch »Ziehen« aus vorwiegend nordnordwestlicher Richtung in Rangeley, am 6. August die Küste erreicht hatten und bis zum 10. August in Staffeln nach Boston vordrangen. Dieses Experiment wurde bei der Durchbrechung der schweren Dürre im Oktober 1953 mit Erfolg wiederholt.]

Hiermit möchten wir Ihre Dienststelle über folgende Tatsachen in Kenntnis setzen: Im Verlauf der letzten 2–3 Monate ist es Wilhelm Reich durch Nutzung des orgonomischen Potentials (vgl. Sie die beiliegenden Schriften) gelungen, in die Wolkenbildung und Wolkenauflösung über dem Gebiet von Rangeley einzugreifen, bis hin zur Erzeugung von Regen.

Die Niederschläge vom 10. und 11. Juli, die Gewitterschauer am 14. Juli sowie der Regen am 29. Juli und an einigen anderen Tagen waren Ergebnisse der experimentellen Arbeit mit der atmosphärischen Orgon-Energie an diesem Institut.

Wir sind an einem Punkt angelangt, wo die Fortführung unserer Operationen ohne staatliche Hilfe den Rahmen unserer Mittel wie auch unserer Verantwortung sprengen und außerdem gewisse Risiken heraufbeschwören würde, da alle Leute in dieser Gegend wissen, wozu wir im Bereich der Regenerzeugung in der Lage sind. Es könnte also jemand auf die Idee kommen, die Schuld für zuviel oder zuwenig Regen bei uns zu suchen.

Unser Institut ist sich nach drei Monaten experimentellen »Cloudbustens«, wie wir es nennen, seiner Sache sicher, und man denkt daran, die Aktivitäten in trockene Wüstengegenden zu verlagern. Falls das Landwirtschaftsministerium und das Staatsministerium des Staates Maine weiteren Gebrauch von diesen ersten experimentellen Ergebnissen im Erzeugen und Unterbinden von Regen vom Boden aus machen möchten, können sie mit diesem Institut oder direkt mit Wilhelm Reich zwecks weiterer Informationen und Operationen Verbindung aufnehmen.

Es sollte des weiteren festgestellt und schriftlich festgehalten werden, daß die Eindämmung der Brände vom 9. und 29. Juli in Maine und Massachusetts das Ergebnis unserer Cloudbusterexperimente vom Boden aus war. Die Regenfälle vom 3. und 5. August in Neuengland, die von Rangeley ausgingen, waren die Folge unserer Experimente vom 1. und 2. August, die wir dem Magistrat in Rangeley am 1. August 1952 anzeigten.

Diese Mitteilung ist offenkundig von großer Bedeutung nicht nur für diesen Staat und die Vereinigten Staaten insgesamt mit ihren landwirtschaftlichen Problemen, sondern insbesondere auch im Hinblick auf die Rolle, die die Vereinigten Staaten eines Tages in den Wüstengebieten der Welt übernehmen könnten, zum Beispiel im Südwesten der USA, in Mexiko, Südamerika, Indien, im Nahen und Mittleren Osten. Die Verantwortung liegt demgemäß und unausweichlich bei jedem, nicht nur bei uns. Wir hielten es für unsere Pflicht, Sie über diese Vorgänge zu informieren, um andere an der Verantwortung zu beteiligen. Eine ausführliche Veröffentlichung über unsere Orgon-Energie-Experimente wird zu gegebener Zeit folgen; Exemplare dieser Veröffentlichung werden Sie erhalten.

6. Brief an Burton M. Cross, Gouverneur des Staates Maine, Augusta (Maine), vom 13. Mai 1953

[Anfang Mai 1953 wurden die ersten Anzeichen einer sich ankündigenden Dürreperiode registriert. Der nachfolgende Brief wurde am 13. Mai 1953 an den Gouverneur des Staates Maine geschrieben:]

Wir möchten Sie hiermit über Folgendes in Kenntnis setzen:

Im April 1952 hat unser Institut mit Experimenten zur kontrollierten Nutzung der atmosphärischen Orgon-Energie begonnen. Während der Dürre von 1952 wurden sehr vorsichtige Schritte in dieser Richtung unternommen, die erfolgreich zur Konstruktion eines Gerätes namens

›Cloudbuster‹ führten. Drei solche Geräte, gebaut von der Southworth Machine Company in Portland, befinden sich derzeit in Orgonon (Rangeley, Maine).

Wir beabsichtigen, unsere Experimente zur Wetterbeeinflussung in den kommenden Sommermonaten in erweitertem Umfang und mit größerer Intensität als letztes Jahr weiterzuführen. Es ist in diesem wie auch im letzten Jahr schon vorgekommen, daß Wetterprognosen der Wetterämter Portland und Boston durch unsere Experimente über den Haufen geworfen oder widerlegt wurden. So etwas könnte Gefahren für den Flugverkehr heraufbeschwören und auch die Wetterämter in Verlegenheit bringen. Daher ziehen wir es vor, Sie von dieser Tatsache in Kenntnis zu setzen. Die Zusammenarbeit mit anderen staatlichen Stellen wird unserer Überzeugung nach nötig sein, um die Situation im Griff zu behalten.

Die Tendenz zu einer erneuten schweren Dürre in diesem Sommer ist für das Orgon-Institut klar erkennbar. Daher konzentrieren sich die Operationen mit den Cloudbustern auf die Brandgefahr, mit dem Ziel, Maine nicht austrocknen zu lassen, sondern grün zu halten. Eine erste Kontaktaufnahme mit dem Waldbrandbekämpfungsdienst des Franklin County ist angebahnt, und wir würden Ihre Mithilfe im Hinblick auf eine bessere Koordinierung der verschiedenen amtlichen Stellen zur Wetterbeeinflussung und Waldbrandverhütung begrüßen.

Eine erste Veröffentlichung zum besagten Thema liegt bei; weitere Veröffentlichungen werden folgen.

7. Bericht über Orop Ellsworth im »Ellsworth American« vom 8. Juli 1953

Regen am Montagabend von Regenmachern erzeugt

Das von Dr. Wilhelm Reich geleitete Orgon-Institut in Rangeley führte am Montagmorgen, dem 6. Juli, im Gebiet von Ellsworth eine Operation zur Regenerzeugung durch. Dr. Wilhelm Reich ist der Entdecker der Orgon-Energie, der kosmischen Lebensenergie der Atmosphäre, und der Direktor des Orgon-Instituts.

Zur Vorbereitung der »Ziehoperation« von Ellsworth wurde am Sonntag, dem 5. Juli, in Orgonon (Rangeley, Maine) ein vorläufiges »Ziehen« durchgeführt, das dort in der Nacht zum Montag, 6. Juli, einige Ergebnisse zeitigte. Das zweite »Ziehen« fand dann am späten Montagvormittag, dem 6. Juli, im Gebiet von Ellsworth statt. Die »Ziehoperation« dauerte eine Stunde und zehn Minuten. Daraufhin setzte Wolkenbildung gegen 16 Uhr am Montagnachmittag ein, und etwa um 22 Uhr am Montagabend, 6. Juli, begann es in Ellsworth zu regnen. Der Niederschlag fiel zunächst als Nieselregen und ging später, gegen Mitternacht, in einen stetigen, sanften Regen über, der bis nach 8.30 Uhr am Dienstagmorgen anhielt.

Die ersten Experimente fanden im April 1952 im Orgon-Institut in Orgonon, Rangeley, unter der Leitung von Dr. Wilhelm Reich statt. Die Dürreperiode im vergangenen Jahr wurde durch diese Methode der Wetterbeeinflussung am 2. August 1952 durchbrochen. Obwohl man sich noch im Stadium des Experimentierens befindet und viele Probleme noch der Lösung harren, sieht es so aus, als ob folgende Operationen bereits funktionieren: Regenerzeugung, Regenbeendigung und Nebelauflösung.

8. Bericht über die Orop Ellsworth in den »Bangor Daily News« vom 24. Juli 1953

HAT EIN WISSENSCHAFTLER AUS MAINE DAS GEHEIMNIS DES REGENMACHENS ERGRÜNDET?
Von Anthony F. Shannon

Gegen die Dürre – ein Wort, das für Landwirte jahrhundertelang gleichbedeutend war mit Katastrophe – hat ein Wissenschaftler aus Maine möglicherweise ein Mittel gefunden.

Damit könnte der Tag, von dem an Farmer sich zuversichtlich an »Regenmacher« wenden können, um ihre Ernte zu retten, in greifbare Nähe gerückt sein.

Das ist jedenfalls der Wunsch und die Überzeugung zweier Blaubeerzüchter aus dem Hancock County.

Ernteverlust drohte

Die beiden Männer, denen durch die Launen der Natur ein Ernteverlust drohte, ergriffen die Gelegenheit, als ein Wissenschaftler ihnen gegenüber bemerkte: »Ich glaube, ich kann Ihnen binnen 12 bis 24 Stunden zu Regen verhelfen.« Und diese Chance zahlte sich aus.

Sie bekamen ihren Regen und waren zufrieden, sowohl mit der Art wie auch mit der Menge der Niederschläge.

Das ist ihre Geschichte:

Am Freitag, dem 3. Juli, während der schlimmsten Dürre im nördlichen und östlichen Maine, wurden die beiden Männer von einem gewissen William Moise aus Hancock angesprochen, der ihnen sagte, er kenne einen Naturwissenschaftler, der vielleicht in der Lage sei, ihr Problem zu lösen, indem er ihnen zu Regen verhelfe.

Moise berichtete, dieser Wissenschaftler sei Dr. Wilhelm Reich, Leiter des Orgon-Instituts in Rangeley (Maine) und Entdecker der »Orgon-Energie, der kosmischen Lebensenergie der Atmosphäre«.

Man war skeptisch

Obwohl sie, wie sie zugaben, skeptisch gegenüber dem in Aussicht gestellten »Regenmachen« waren, schlossen die beiden Männer, die um ihre Ernte fürchteten, mit dem Orgon-Institut eine Vereinbarung auf Erfolgsbasis ab.

Man einigte sich auf folgenden Modus: Falls es dem Wissenschaftler gelänge, Regen zu erzeugen, wäre ein bestimmter Geldbetrag zu zahlen; falls nicht, wäre nichts zu zahlen.

Einer der beiden Züchter – sie wollen lieber ungenannt bleiben – behauptete, das Bostoner Wetteramt habe für die nächsten 36 Stunden, das heißt für die Zeit, in der das Experiment durchgeführt werden sollte, Niederschläge ausgeschlossen.

Am Montag, den 6. Juli, um 10.30 Uhr bauten Dr. Reich und drei Assistenten ihre »Regenmacherausrüstung« am Ufer des Grand Lake beim Damm des Wasserkraftwerks von Bangor auf. Mit dem Gerät – bestehend aus einem Satz hohler Rohre, die an einer Aufhängung über einem kleinen Zylinder angebracht und mit diesem über Kabel verbunden sind – wurde eine rund 70minütige »Ziehoperation« durchgeführt. Die Wissenschaftler und eine kleine Gruppe von Zuschauern kehrten dann wieder vom See zurück, um auf Resultate zu warten.

Diese zeigten sich bald. Wie wir aus zuverlässiger Quelle in Ellsworth wissen, gab es in dieser Stadt am Abend des 6. Juli und am frühen Morgen des 7. Juli folgende klimatische Veränderungen:

Kurz nach 22 Uhr am Montagabend fing es an zu regnen; erst Nieselregen und dann, um Mitternacht, ein sanfter, stetiger Regen. Der Regen hielt die Nacht hindurch an, und am folgenden Morgen wurde in Ellsworth eine Niederschlagsmenge von rund 6 mm gemessen.

Ein Augenzeuge, der beim »Regenmachen« dabei war, erklärte später ganz verblüfft: »Die seltsamsten Wolken, die man je gesehen hat, bildeten sich, als die Sache angelaufen war.« Dieser Gewährsmann sagte später auch, die Wissenschaftler hätten durch Manipulationen mit dem Gerät auch die Windrichtung verändert.

An den beiden folgenden Tagen wurde in dem betreffenden Gebiet kein Niederschlag gemessen. Aber am Donnerstag – für diesen Tag hatte der Wetterbericht heiteren Himmel und kaum Temperaturänderung vorausgesagt – regnete es morgens in Ellsworth. Um 6.30 Uhr begann ein leichter Sprühregen, der dann in einen starken Regen überging und bis 10 Uhr am selben Vormittag andauerte.

Am Montag, den 13. Juli, war die Dürre durchbrochen, als über weiten Teilen des Ostens starke Regenfälle niedergingen. Dabei wurde in Ellsworth mit insgesamt 45 Millimetern eine höhere Gesamtniederschlagsmenge gemessen als in irgendeinem anderen Teil des Staates.

Die Züchter, die die Vereinbarung mit dem Institut aus Rangeley getroffen hatten, äußerten sich »hochzufrieden« über die Ergebnisse der Operation; einer sagte, falls man wieder einmal von einer schweren Dürre heimgesucht werde, würde er sich ein weiteres Mal an den »Regenmacher« wenden.

Wie Dr. Reich erklärte, war zur Einleitung des »Regenziehens« in Ellsworth am Sonntag, dem 5. Juli, im Gebiet von Rangeley eine vorbereitende »Ziehoperation« durchgeführt worden. Da sich das Gerät aber noch im Entwicklungsstadium befinde, lasse sich nicht mit Gewißheit sagen, inwieweit die Ziehoperation in Rangeley zu den in Ellsworth erzielten Ergebnissen beigetragen habe.

Neuartige Methode

Er bezeichnete seine Erfindung als eine neuartige Methode der Wetterbeeinflussung, bei der die atmosphärische Orgon-Energie in einer

Weise »gereizt« oder angeregt wird, die zu einer Umkehrung der in der Atmosphäre vorhandenen Tendenz zur Dürre führt. Es werde, so erläuterte er weiter, wieder eine Niederschlagsneigung etabliert.

Wie wir aus zuverlässigen Quellen wissen, beschränkte sich das »Regenmachen« bislang fast ausschließlich auf das »Besprühen« von Wolkenformationen mit Chemikalien, was zu Regen führt.

Der Wissenschaftler aus Rangeley ist überzeugt, daß seine Entdekkung auch wertvolle Dienste für die Regenunterbindung und für die Nebelauflösung leisten wird.

Eine erfolgreiche »Ziehoperation« führt nach Angaben von Dr. Reich nicht nur unmittelbar zu Niederschlag im betreffenden Gebiet; wichtiger sei, daß sie eine allmähliche Umkehrung der Dürretendenz in der Atmosphäre in einem zunehmend größeren Raum einleitet und somit den »Bann« der Trockenheit bricht.

Die ersten Experimente mit dieser Art der Wetterbeeinflussung wurden, wie ihr Entdecker berichtet, vom Orgon-Institut im April 1952 durchgeführt. Der Wissenschaftler ist überzeugt, daß es seine »Ziehoperationen« waren, die die Dürre im letzten Jahr durchbrochen haben; seinem Eindruck nach sprechen gewisse Anzeichen dafür, daß aus demselben Grund die diesjährige Dürre nunmehr zu Ende geht.

Auch wenn der Wissenschaftler aus Rangeley zu bedenken gibt, daß seine Technik des »Regenmachens« noch im experimentellen Stadium steckt und daß viele Probleme noch zu lösen sind, ist er überzeugt, daß seine bisherigen Operationen »erfolgreich« waren. Dieser Erfolg sei aber, so Dr. Reich, lediglich ein Nebenprodukt des »Oranur-Experiments«, eines Anti-Atomenergie-Experiments, an dem man seit 1951 in Rangeley arbeite. Ein ausführlicher erster Bericht über diese Experimente, sagt er, erschien 1951 und kann bei der Orgone Institute Press bezogen werden. Weiter wies er darauf hin, daß Erläuterungen zur grundlegenden Funktionsweise des Geräts im Orgone Energy Bulletin vom Oktober 1952 zu finden sind.

Dr. Wilhelm Reich ist aus Deutschland* gebürtig und lebt seit vierzehn Jahren in Maine. Vor fünf Jahren wurde er in Maine eingebürgert.

* WR wurde in Österreich geboren, nicht in Deutschland.

9. Brief an Ivan Ray Tannehill, US-Wetteramt, Washington, D. C., vom 29. Oktober 1953

Hancock (Maine)
29. Oktober 1953

Mr. Ivan R. Tannehill
US-Wetteramt
Washington, D. C.

Sehr geehrter Mr. Tannehill,
wir beziehen uns auf die Experimente im Rahmen der atmosphärischen Orgon-Energie-Beeinflussung, die am Orgon-Institut im Verlauf der letzten 18 Monate durchgeführt worden sind. Im Zuge dieser Operationen sahen sich die Wetterämter häufig zu Änderungen ihrer Prognosen gezwungen; in anderen Fällen wurden die Vorhersagen infolge von Einsätzen des ORANUR-Cloudbusters im Nordosten widersprüchlich. Wir haben den Eindruck, daß hiervon Gefahren für den Luft- und Seeverkehr ausgehen könnten.

Es wurde daher beschlossen, Ihrer Behörde Berichte über sämtliche ORANUR-Wetterbeeinflussungsoperationen zugänglich zu machen, von denen möglicherweise Einflüsse auf den See- oder Luftverkehr ausgehen könnten. Wir verfügen nicht über die technischen Mittel einer landesweiten Informationsübermittlung. Sollte das zentrale Wetteramt in Washington der Ansicht sein, daß unsere Operationen in irgendeiner Weise mit öffentlichen Belangen koordiniert werden müßten, so werden wir gerne kooperieren. Die Experimente, die unter anderem Regenerzeugung beinhalten, dienen im wesentlichen unseren Forschungen auf dem Gebiet der technischen Beeinflussung der atmosphärischen Energiehülle unseres Planeten – COSMIC ORGONE ENERGY ENGINEERING (CORE). Probleme im Zusammenhang mit Dürre und Wüstenbildung erschließen sich aus diesen Forschungsaktivitäten.

Mit freundlichen Grüßen
William Moise
Sekretariat
Oranur Wettererforschung

10. Brief mit Anlagen an William T. Couch, Chefredakteur von »Collier's Yearbook«, New York, vom 30. Oktober 1953

30. Oktober 1953

Mr. William T. Couch, Chefredakteur
Collier's Year Book
P. F. Collier & Son
640 Fifth Avenue
New York 19, N. Y.

Sehr geehrter Herr,
wir übermitteln Ihnen hiermit als Beilage den ausgefüllten Fragebogen mit den erbetenen Informationen über unsere Stiftung. Zu Ihrer weiteren Information wurden Ihnen mit separater Post die folgenden Veröffentlichungen zugeschickt: Erster Zwei-Jahres-Bericht über die Aktivitäten der WR-Stiftung; Erster Bericht über das Oranur-Experiment, 1951; Bibliographie zur Orgonomie; Der Orgonakkumulator.

Mit freundlichen Grüßen
I. O.
Wilhelm-Reich-Stiftung
Sachbearbeiterin

Die Wilhelm-Reich-Stiftung
Datenblatt, Seite 2, für »Collier's Year Book«, Ausgabe 1954

Namen leitender Funktionsträger:

Wilhelm Reich, Dr. med., Orgonomische Grundlagenforschung (Vorsitzender);
Elsworth F. Baker, Dr. med., Orgonomische Medizin (Orgone Institute Research Laboratories, Inc., New York);
Ola Raknes, Dr. phil., Orgonomische Psychiatrie für Skandinavien, Oslo, Norwegen;
Walter Hoppe, Dr. med., Orgone Institute Research Laboratories, Ltd., Israel.

Namen korrespondierender Funktionsträger: dito.

Stiftungskapital: 1953 (circa)	$ 130.000
Barmittel	$ 40.000
Anlagevermögen	$ 90.000

Größere Zuweisungen oder Zuweisungsraten im Jahr 1953:

Oranur-Experiment (einschließlich DOR-Wolken- bzw. »Killersmog«-Entfernung, OR Energy Engineering, Oranur-Chemie)	$ 18.000
Geschichte der Orgonomie	$ 15.000
Kinderhilfe, einschließlich Wilhelm Reich Infant Trust Fund	$ 7.000
	$ 40.000

Bedeutsame Ereignisse 1953:

Umfassender Abschluß des ORANUR-Experiments (»Oranur« steht für »Antinukleare Strahlung«; siehe »Das Oranur-Experiment«, Erster Bericht, 1951).

Lösung einiger Probleme der Wüstenbildung und erfolgreiche Experimente zur Beeinflussung atmosphärischer Energiebedingungen, einschließlich Regenerzeugung, Nebelauflösung und DOR-Wolken-Entfernung (»Deadly Smog«) durch Entwicklung des »Cloudbusters«. (Mehrere Erfolge im Kampf gegen die Trockenheit in Neuengland seit Sommer 1953; siehe zum Beispiel Bericht vom 24. Juli 1953 in *Bangor Daily News.*)

Erste Schritte in der Erforschung der Oranur-Chemie.

11. Brief an William T. Couch, Chefredakteur von »Collier's Yearbook«, New York, vom 21. November 1953

21. November 1953

Mr. William T. Couch, Chefredakteur
Collier's Year Book
P. F. Collier & Son
640 Fifth Avenue
New York 19, N. Y.

Sehr geehrter Mr. Couch!
Die Orgone Institute Press hat Ihnen am 3. November 1953 zu Ihrer Information die folgenden öffentlichen Bekanntmachungen zugesandt:
Erster Zwei-Jahres-Bericht; Das Oranur-Experiment, 1. Bericht, 1951; Bibliographie zur Orgonomie; Der Orgonakkumulator.
In der Bibliographie werden Sie Erläuterungen zur Terminologie unserer Forschungsrichtung finden.

Der Ausdruck »Orgonomie« findet sich in keinem Nachschlagewerk, erstens weil er noch neu ist und zweitens weil einige gut getarnte Gruppen sich lange Zeit große Mühe gegeben haben, diesen Begriff aus den Stichwortregistern herauszuhalten, aus leicht zu erratenden Gründen.

Mit freundlichen Grüßen
Wilhelm-Reich-Stiftung
Sekretariat

P. S. Eine zweite Sendung mit den oben genannten Schriften ist mit heutiger Post an Sie abgegangen, für den Fall, daß die erste auf dem Postweg verlorengegangen ist. Sollte die erste Sendung mittlerweile bei Ihnen eingetroffen sein, bitten wir um Rücksendung der Duplikate.

12. Brief mit Anlagen an William T. Couch, Chefredakteur von »Collier's Yearbook«, New York, vom 23. November 1953

23. Novermber 1953

William T. Couch, Chefredakteur
P. F. Collier & Son
640 Fifth Avenue
New York 19, N. Y.

Sehr geehrter Mr. Couch,
Ihre Anfrage vom 19. November haben wir an unsere Forschungsabteilung weitergeleitet, von der wir die anliegenden Definitionen erhalten haben. Wir hoffen, daß dies die Fragen zu Ihrer Zufriedenheit beantwortet. Die Broschüre über den Orgonakkumulator enthält weitere detaillierte und allgemeinverständliche Informationen über die Eigenschaften der atmosphärischen Orgon-Energie.

Zögern Sie nicht, sich wieder an uns zu wenden, falls Sie weitere Informationen benötigen.

Mit freundlichen Grüßen
Wilhelm-Reich-Stiftung
Sekretariat

Anlagen
F-Nr. 11074
(11075)

Orgonomische Terminologie

Wir können folgende, auf die einfachsten Begriffe beschränkten Definitionen mitteilen:

Orgonomie: Eine neue Wissenschaft, die von Wilhelm Reich zwischen 1936 und 1940 entdeckte kosmische Orgon-Energie betreffend.

Kosmische Orgon-Energie: Existiert überall und durchdringt alles. Ihre Existenz läßt sich demonstrieren anhand von Temperaturdifferenzen, elektroskopischen Messungen, optisch und mit dem Geiger-Müller-Zähler. Sie heißt *Lebensenergie* oder *Organismische Orgon-Energie,* soweit sie innerhalb lebender Organismen vorkommt.

Orgon-Energie läßt sich mittels des Orgonakkumulators aus der Atmosphäre gewinnen, der erstmals 1941 gebaut wurde und seither gegen verschiedene Krankheiten experimentell angewendet wird.

Atmosphärische Orgon-Energie: Wurde in verschiedenen Disziplinen mit unterschiedlichen Namen bezeichnet; in der Meteorologie als »Hitzewellen«; in der Astronomie als »Sichttrübungen«, in der Physik als »natürlicher Energieverlust«, in der Elektrotechnik als »Rauschen« usw. Ihre Grundfarbe ist Blau oder ein bläuliches Grau. Ein hochgradiges Vakuum kann mit atmosphärischer Orgon-Energie aufgeladen und dann durch verschiedene Stimuli zum Leuchten angeregt werden.

ORANUR: Atmosphärische Orgon-Energie im Zustand starker Erregung infolge von Bestrahlung mit Atomenergie (siehe Oranur-Bericht).

DOR: Steht für »*D*eadly *OR*gone Energy«, das heißt für Orgon-Energie in einer für lebendes Protoplasma gefährlichen Form. DOR-Wolken sind Ansammlungen von solchermaßen lebensfeindlicher atmosphärischer Energie, gemeinhin auch als »Smog« bezeichnet. DOR-Wolken haben mit industriellen Abgasen wenig zu tun, da sie auch in Gebieten erscheinen, in denen es keine Fabriken gibt.

DOR-Wolken haben den Anstoß zu einer Erfindung gegeben, dem sogenannten CLOUDBUSTER. Der Einsatz des Cloudbusters ermöglicht es, diese gefährlichen DOR-Wolken zu entfernen und auch auf technische Weise mit der atmosphärischen Orgon-Energie zu experimentieren.

13. Der Sturm vom 7. November 1953 – Aus dem Archiv des Orgon-Instituts

Das Wetter in der Nacht zum 4. November war geprägt von dichter Bewölkung und starkem Wind. Es wurde kalt, und bei kräftigem Wind aus Nordwest fing es in unserer Gegend zu schneien an. Der Wind hatte die Stärke und die typischen Kennzeichen wie bei einer »Rückbrandung«. Die Nacht zum 5. November war extrem kalt, und die Atmosphäre zeigte ein eigenartiges Verhalten.

Am Samstag, dem 7. November, entlud sich im Gebiet von Philadelphia ein schweres Unwetter, das man nicht vorhergesagt hatte und das unvorhersehbar war. Auch über Orgonon fegte ein starker Sturm hinweg. Aus New York und dem Raum Philadelphia wurden unerwartete, heftige Schneefälle gemeldet. Radio Boston berichtete, der Leiter der Washingtoner Wetterbehörde, Mr. Reichelderfer, habe eine Untersuchung darüber angeordnet, warum die Meteorologen das Unwetter nicht vorhergesagt hatten. Die Windgeschwindigkeit hatte Spitzenwerte von 130 km/h erreicht, also Orkanstärke. Die Wettervorhersage indessen lautete »heiter und kühl«. Nach einem Bericht der *Herald Tribune* vom 8. November 1953 hatten dreißig Schiffe auf hoher See Notrufe gefunkt. Über dem Hudson River hatten sich dunkle, drohende Wolken aufgetürmt.

Der Sturm hatte alle Anzeichen von durch fehlerhafte Cloudbusteroperationen hervorgerufene, künstliche Wetterunbilden. Doch wie unsere Nachfrage in Hancock (um 18.00 Uhr) ergab, hatte unser dortiger Cloudbuster-Techniker nicht mit dem Gerät »herumgespielt«. Um 20.00 Uhr rief ich Dr. Baker in Fair Haven (New Jersey) an und bat ihn, festzustellen, ob irgend jemand eine Ziehoperation unternommen habe. Ich hatte einen Studenten im Verdacht, der schon vorher durch große Umtriebigkeit aufgefallen und ermahnt worden war, von allen auf den Himmel gerichteten Rohren die Finger zu lassen.

Während New York Südwestwind meldete, kam in Hancock der Wind nach wie vor aus Nordost.

Am Sonntag, dem 8. November, telegrafierte Dr. Baker, daß der Student, auf den sich mein Verdacht richtete, in Philadelphia eine halbe Stunde lang aus Westen gezogen hatte, um zwei neugierigen Ärzten aus der Gegend von Philadelphia das Auflösen von Wolken zu demonstrieren. Auch deren Ehefrauen waren dabei. Das war ein konkreter Hinweis auf das eigentliche Motiv dieser unverantwortlichen Operation. Der Student erhielt unverzüglich einen Verweis; er mußte ausführlich Bericht erstatten und wurde verwarnt. Ein weiteres Telegramm ging noch am selben Tag an seinen Lehrpsychiater.

Kein Medizinstudent, der mit seinen Kommilitonen erst einer einzigen Lehroperation beigewohnt hat, würde es wagen, einen Menschen ohne dessen Einwilligung zu operieren, ihm den Bauch aufzuschneiden, den Blinddarm zu entfernen und den Patienten dann verbluten zu lassen – und zu dieser Demonstration seines Könnens auch noch Zuschauer einzuladen. Beim Studium der Orgonomie muß man damit rechnen, daß Überheblichkeit und Geltungsbedürfnis ins Spiel kommen. Unverantwortlichkeit und Gedankenlosigkeit rühren von daher. Der Student, der in Philadelphia gezogen hatte, wußte nicht das geringste von den im November herrschenden Bewegungen der OR-Hülle; er hatte keine Ahnung, was es bedeuten konnte, während eines Unwetters in Küstennähe eine Wolke aufzulösen; er wußte nichts von den verschiedenen Potentialen, die unter so komplexen Bedingungen wie einer von Westen her zum Ozean ziehenden Sturmfront entstehen können, wenn man gleichzeitig durch Ziehen *aus westlicher Richtung* ein Potential über dem Ozean aufbaut.

14. Bericht über die Bildung einer nationalen amerikanischen Wetterkontrollkommission (aus der »New York Times« vom 10. Dezember 1953)

VEREINIGTE STAATEN SOLLEN IN PUNKTO WETTER ETWAS UNTERNEHMEN

Washington, 9. Dezember. – Präsident Eisenhower hat heute eine Kommission einberufen, um den Vorwurf zu widerlegen, daß alle vom Wetter redeten, aber keiner etwas unternehme. Mit der Ernennung von fünf Zivilpersonen komplettierte der Präsident das vom Kongreß letztes Jahr autorisierte Weather Evaluation Board. Hauptmann Howard T. Orville aus Long Green (Maryland), ein pensionierter Marineoffizier, der heute als Berater für die Bendix Aviation Corporation of Maryland tätig ist, wurde zum Vorsitzenden ernannt. Die Kommission hat den Auftrag, etwas in punkto Wetter zu unternehmen. Wichtiger noch: Sie hat besondere Anweisung, herauszufinden, ob Dinge, die andere Personen in punkto Wetter tun, dem nationalen Interesse abträglich seien.

So soll untersucht werden, ob beim Cloud-seeding die nützlichen Aspekte die schädlichen überwiegen. Die Stadt New York hat vor einigen Jahren das Cloud-seeding erprobt.

Die Bildung der neuen Kommission ist kein Vorwurf an die Adresse der Meteorologen, aber ihre Berufung fällt in eine Zeit, in der ein anderes, lokales Untersuchungsgremium noch dabei ist, herauszufinden, warum die Washingtoner Wetterpropheten letzten Monat von einem unglaublichen Schneesturm überrascht wurden, der 15 Zentimeter Schnee auf eine Stadt ablud, die mit einem praktisch niederschlagsfreien Tag gerechnet hatte.

Die anderen vom Präsidenten ernannten Mitglieder sind:

Joseph J. George aus Atlanta, Meteorologe der Eastern Air Lines;

Lewis W. Douglas aus Sonoita (Arizona), ehemals Botschafter in Großbritannien, jetzt Direktor der neugegründeten Abteilung für Wolkenphysik an der Universität von Arizona;

Alfred M. Eberle aus Brooking (South Dakota), Dekan der Landwirtschaftlichen Fakultät des A. & M. College in South Dakota;

Kenneth C. Spengler aus Arlington (Massachusetts), Meteorologe.

Gemäß den gesetzlichen Vorschriften werden der Kommission auch sechs Regierungsvertreter angehören, nämlich Vertreter der Ministerien für Verteidigung, Landwirtschaft, Wirtschaft, Inneres, Gesundheit, Bildung und Soziales sowie der National Science Foundation.

Im Gesetz zur Einberufung der Kommission findet sich die Warnung, daß unkontrollierte Experimente im Rahmen von Wetterbeeinflussungsprojekten der Nation mehr schaden als nützen könnten. Bezüglich der Aufgaben und Ziele heißt es weiter:

»Die Folgen, die die Anwendung bestimmter Mittel zur Beeinflussung von Wetterphänomenen für die gegenwärtigen gesellschaftlichen, wirtschaftlichen und politischen Strukturen sowie für die nationale Sicherheit haben kann, lassen sich zum jetzigen Zeitpunkt nicht bestimmen. Es handelt sich hier um einen Bereich, in dem unbekannte Faktoren eine Rolle spielen. Es ist jedoch vernünftig, anzunehmen, daß Verfahren zur Beeinflussung und Steuerung des Wetters, falls sie in großem Maßstab funktionieren sollten, grundlegende Veränderungen in unserer bisherigen Lebensweise mit sich bringen werden und daß daraus ungeahnte und weitreichende Vorteile für Landwirtschaft, Industrie, Handel sowie für die allgemeine Wohlfahrt und die Verteidigung resultieren.

Wir können zwar nur darüber spekulieren, in welchem Ausmaß Wetterbeeinflussung und Wettersteuerung letzten Endes praktiziert werden können, aber die Anwendung solcher Techniken ohne angemessene Sicherungen, ausreichende Daten und akkurate Information kann zu ungenügendem oder übermäßigem Niederschlag führen, kann unter Umständen katastrophale Dürren, Unwetter, Überschwemmungen und andere Phänomene hervorrufen, die einhergehen können mit Schäden an Leib, Leben und Eigentum, mit der Beeinträchtigung schiffbarer Flüsse und anderer nationaler und internationaler Verkehrswege, mit Schäden bei der kommunalen Wasserversorgung, bei Bewässerungsanlagen und Industrie sowie bei Wasserkraftressourcen, und die sich auch sonst abträglich auf die Produktion und den Transport von Gütern und Dienstleistungen für binnenwirtschaftliche und Exportzwecke sowie für die nationale Verteidigung auswirken können.«

Die Kommission hat Anweisung, ihren Bericht nicht später als am 30. Juni 1956 zu erstatten. Ihre zivilen Mitglieder erhalten 50 Dollar für jeden Tag, an dem sie für die Kommission tätig sind.

15. Kommentare eines Filmberichts, der am 30. März 1954 über den Sender WCSH-TV in Portland (Maine) ausgestrahlt wurde:

Archiv-Nr. 11323 (F. Nr. 11411) CORE II
Textauszug aus dem Kommentar eines Fernsehfilms
(Mr. Joe Cobb nahm den Film auf und schickte den Text)
Letzten Samstag gestattete Dr. Reich einem der ersten, vielleicht dem ersten Reporter überhaupt, Orgonon zu besuchen, das sorgfältig bewachte Labor und Hauptquartier der Wilhelm-Reich-Stiftung. Der imposante Steinbau, in dem sich das herrschaftliche Arbeitszimmer des Doktors befindet, und das Hauptlabor des Instituts beherrschen weithin sichtbar die malerische Landschaft von Rangeley... Im Inneren sieht man Arbeitstische, die mit Mikroskopen vollgestellt sind, ... und in einer Ecke mehrere Orgonakkumulatoren, deren Verkauf oder Vermietung von der Regierung verboten wurde.

Im Hauptlabor findet man zu Studienzwecken angesetzte Kulturen, weitere wertvolle wissenschaftliche Geräte, Oszilloskope, Geigerzähler und Photomikroskope, dazu eine umfangreiche Sammlung erzhaltiger Gesteine.

Der Fotograf wurde darauf hingewiesen, sich nicht zu lange in einer angrenzenden Dunkelkammer aufzuhalten, da sonst die radioaktive Strahlung dieser Substanzen den Film trüben könnte, den er gerade wechselte. Diagramme, Fotos einer fernen Galaxie und lebhafte Bilder schmücken die Wände zwischen den großen Fenstern.

Obwohl den Sommer über in Orgonon viel los ist, waren an diesem Samstag nur das Faktotum Tom Ross, William Moise, Peter Reich und der Doktor selbst zugegen. Dr. Reich war zwar bereit, seinen berühmten Regenmacherapparat vorzuführen, erklärte aber, die Atmosphäre sei zu stark aufgeladen, um eine echte Vorführung zu erlauben. Doch Dr. Reich machte eine Trockenübung mit dem Gerät; zu erkennen in dieser Szene am rechten Bildrand.

Das ist das Gerät, von dem man sagt, es habe die Blaubeerenernte letzten Jahres im Gebiet um Hancock (Maine) gerettet, indem damit ergiebige Regenfälle herbeigeführt wurden. Dr. Reich nennt es einen Cloudbuster und behauptet, er könne damit nach Belieben Regen erzeugen, Regen beenden, Nebel auflösen, Wolken bilden oder zerstören.

Dies geschehe durch Veränderung des Potentials der atmosphärischen oder Orgon-Energie, wie er sagt.

Dies alles, der tiefblaue Himmel und die schneebedeckten Blue Mountains, die die Gegend von Rangeley umgeben, ist die Quelle dieser Energie, die der Doktor manchmal als »Lebenskraft« und manchmal als kosmische »Orgon-Energie« bezeichnet.

Dr. Reich behauptet, ihr Entdecker zu sein, und er ist sicher, daß ihre Existenz eine grundlegende Naturerscheinung ist.

16. Beispiel einer Mitteilung, wie sie 1954 an behördliche Stellen verschickt wurde zur Bekanntgabe von Ziehoperationen im Rahmen von OROP WÜSTE an der Ostküste der USA

[Ähnliche Mitteilungen wurden 1954 vor und nach jeder Wüstenoperation entlang der Ostküste versandt. Adressaten waren die Gouverneure der betroffenen Bundesstaaten, die Luftaufklärung, die Fluggesellschaften und die nationale Wetterkontrollkommission.]

Bürgermeister Robert F. Wagner
City Hall, New York City, N. Y.

In unserem Schreiben vom 20. April 1954 gaben wir unsere Absicht bekannt, einen kurzen experimentellen Versuch zur Entfernung von DOR-Wolken (»Smog«) über der Stadt New York durchzuführen. Die Resultate waren ermutigend, und so wurde am 24. April zwischen 6.40 Uhr und 7.40 Uhr unser kurzes ORANUR-Wetterbeeinflussungsexperiment mit einer Regenerzeugungsoperation abgeschlossen, einem Versuch, Niederschläge über New York City zu produzieren. Unmittelbar nach Ende dieses abschließenden Experiments setzten wir Sie telegraphisch in Kenntnis. Der vorliegende Brief ist als Bestätigung dieses Telegramms gedacht.

OROP WÜSTE
Dr. med. M. S. Silvert, Techniker

17. Telegramm an Präsident Eisenhower, Weisses Haus, Washington, D. C., vom 12. Juli 1954

Ursache für derzeitige mörderische Hitze sind DOR-Wolken Stop Mittel zur Beendigung der für die Nation katastrophalen Entwicklung sind Cloudbusteroperationen Stop Hilfe möglich auf ausdrückliche Anforderung durch US-Wetterdienst Stop Techniker auf dem Weg nach Washington um Dr. Tannehill aufzusuchen Stop

Orgon-Institut

18. Brief an den Kommandeur des Air Force Technical Intelligence Center in Dayton (Ohio) vom 22. Juli 1954

Az: AFOIN-ATIAE-5 22. Juli 1954
Om: E_a 11993

An den Kommandeur
Air Force Technical Intelligence Center
Wright-Patterson Air Force Base
Ohio

Sehr geehrter Herr,
beiliegend zu Ihrer Kenntnisnahme die Druckfahnen für eine Veröffentlichung über Raumschiffe, DOR und Dürre, als Bestandteil von OROP WÜSTE. Dieser Bericht wird in wenigen Wochen in der Zeitschrift CORE erscheinen, einer neuen Publikation, die als Band VI die Reihe des *Orgone Energy Bulletins* (1949–1953) fortsetzt. Kapitel 2 über Raumschiffe und Wüstenbildung sowie der letzte Teil des Schlußkapitels sind Ihnen am 19. März 1954 über die Luftwaffenbasis auf Presque Isle (Maine), Leutnant Andrew Matyas, zugeleitet worden.

Mit der Übersendung der Druckfahnen des vollständigen Werkes an Sie bezwecken wir Folgendes: Wie aus dem Inhalt ohne weiteres ersichtlich ist, erfordert der Gegenstand ein hohes Maß an Verantwortung für das Cosmic Engineering.

Sollte die AAF irgendwelche ernsten Bedenken gegen die Veröffentlichung dieses Materials zum jetzigen Zeitpunkt haben, bitten wir um baldmöglichste diesbezügliche Mitteilung. Falls wir in den nächsten vier Wochen keine Nachricht von Ihnen erhalten, gehen wir davon aus, daß seitens der AAF keine Bedenken bestehen.

Mit freundlichen Grüßen
Orgon-Institut, Forschungslabor
Robert A. McCullough, Sekretär

Dieses Buch wurde gedruckt
auf Recyclingpapier. Es besteht aus 60% bedrucktem
Altpapier und 40% unbedrucktem Altpapier.

Das Vorsatzpapier besteht aus
100% nicht-deinkten Postconsumer-Abfällen,
die Titelschildchen aus 75% Recyclingpapier.
Der Karton des Einbandes ist
aus 100% Altpapier.

Das Kapitelband und das Leseband
sind aus 100% ungefärbter und
ungebleichter Baumwolle.